平　面　设　计　基　础　教　程

版式设计基础与表现

中国纺织出版社

张洁玉　张大鲁　编著

图书在版编目（CIP）数据

版式设计基础与表现 / 张洁玉，张大鲁编著．—北京：中国纺织出版社，2018.2
平面设计基础教程
ISBN 978－7－5180－4264－7

Ⅰ．①版… Ⅱ．①张… ②张… Ⅲ．①版式－设计－教材 Ⅳ．①TS881

中国版本图书馆CIP数据核字（2017）第272867号

策划编辑：余莉花　　　责任校对：楼旭红
版式设计：张大鲁　　　责任印制：王艳丽

中国纺织出版社出版发行
地址：北京市朝阳区百子湾东里A407号楼　邮政编码：100124
销售电话：010—67004422　传真：010—87155801
http://www.c-textilep.com
E-mail:faxing@c-textilep.com
中国纺织出版社天猫旗舰店
官方微博http://weibo.com/2119887771
北京华联印刷有限公司印刷　各地新华书店经销
2018年2月第1版第1次印刷
开本：889×1194　1/16　印张：9.5
字数：123千字　定价：55.00元

前言

版式设计从平面设计的需求出发，将其所涉及的诸多视觉要素如图形、文字、色彩等进行全面的整理和布局，力求塑造版面视觉上的和谐与整体。

平面设计是将设计主题信息转化为视觉语言的过程，版式设计将众多视觉元素进行有序编排，以达到突出重点、便于阅读和合理导读的目的。文字和图形作为平面设计中最为重要的两大视觉元素，它们在版面中的大小、比例、位置、层次、方向以及色彩等关系都会一一显现，这些都需要通过版式设计的深入学习和实践，将其进行布局编排才能得到有效的解决。

版式设计是平面设计专业基础课的重要环节，它是步入专业设计领域必需的一门课程。通过这一课程的学习，学生将具备以下三种能力：第一，了解视觉要素（文字、图形、色彩等）和构成要素（结构、空间、层次等）的特点及表现力；第二，掌握版面设计中文字和图形的编排方法，塑造图文合一的版面空间；第三，活学活用，将个性创意表现融入版式设计中。

教材从平面构成的点、线、面入手，对版式结构、空间、层次进行初步的探索；逐步学习文字、图形和色彩在版式中的设计表现，最后通过视觉流程和网格设计的学习，探索版式设计中图文合一的设计表现方法。教材内容由浅及深，循序渐进，从专项到综合，使学生能够系统地完成版式设计的课程学习。

目录

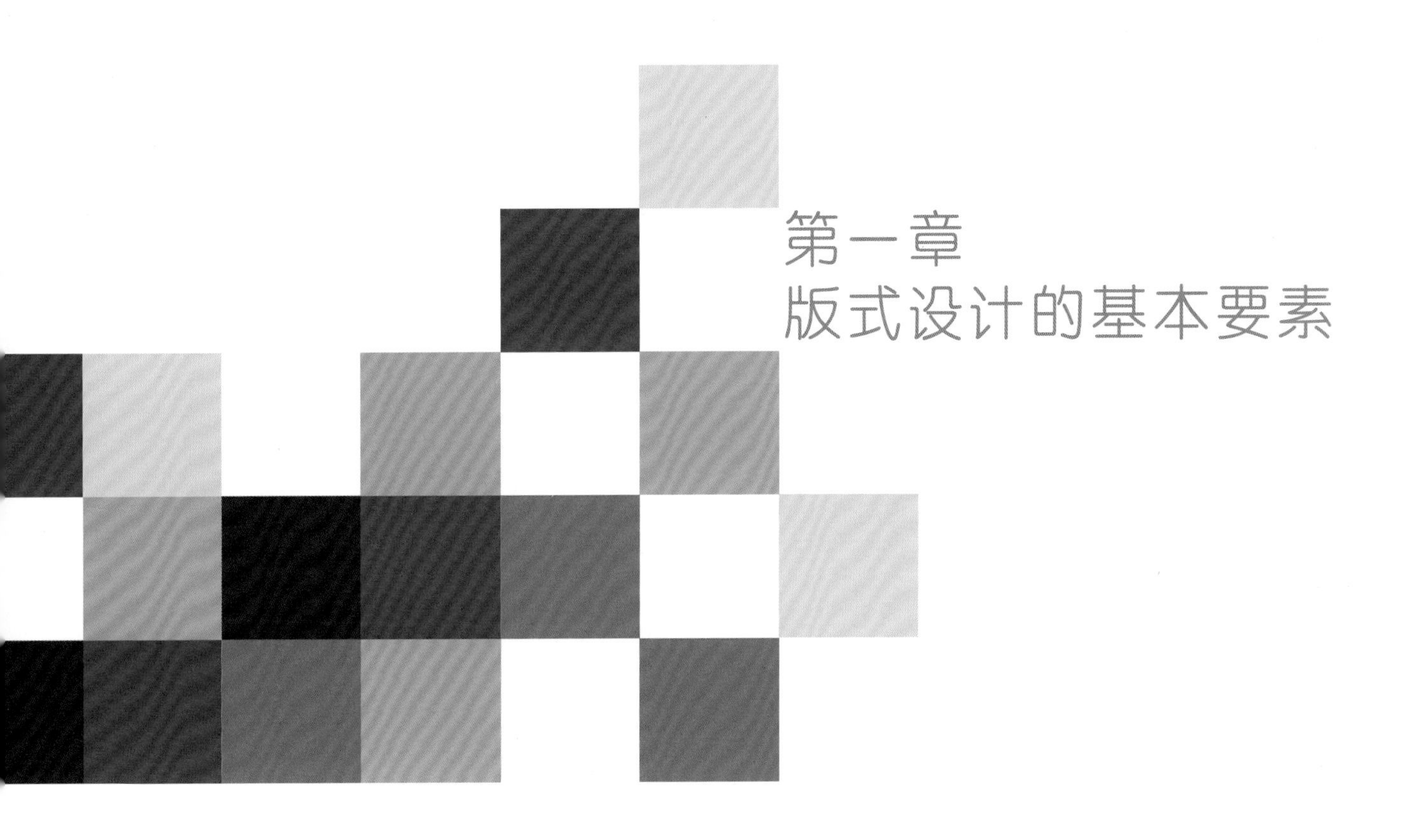

第一章
版式设计的基本要素

所谓版式设计，即在有限的版面空间里，按照一定视觉传达内容的需要和审美规律，结合平面设计各领域的具体特点，将文字、图形及其他视觉元素加以组合排列进行表现的一种视觉传达设计方法。

版式设计关注的是设计中的文字和图形的安置和组合，它们应该放在版面的哪个位置，应该如何相互配合，与设计主题和视觉要素本身的特点息息相关。

富有创意的版式设计既能体现出形式美感又具价值感，好的版式设计可以有助于内容传达的准确性和艺术性。版式设计应用的范围极其广泛，涉及杂志、报纸、书籍、产品宣传页、挂历、卡片、招贴、包装、网页等平面设计的各领域，它的设计原理贯穿于每一个平面设计的始终。

学习版式设计可以从以下基本要素入手展开分析与研究。第一是视觉要素，主要包括文字、图形、色彩和肌理等；第二是构成要素，主要包括结构、空间和层次等（图001～图004）。

图001　汉堡设计师在日本DDD画廊的展览　海报设计　霍尔格·马蒂斯（德国）　标题文字剪切并垂直排列在画面结构线上，使其归属于图像，横排的信息文字与标题左对齐并间隔排列其中，方向与版面水平线一致，和谐中有变化，简约巧妙的版式

图002　1919年贸易展览会海报设计　荷兰　图文编排严谨，信息传达清晰，版面和谐，彰显艺术魅力

图003　饮料包装设计　醒目的文字和写实的摄影图片，以及稳重的布局述说着美味的诱惑，版式所展现出来的时代性特点非常明显

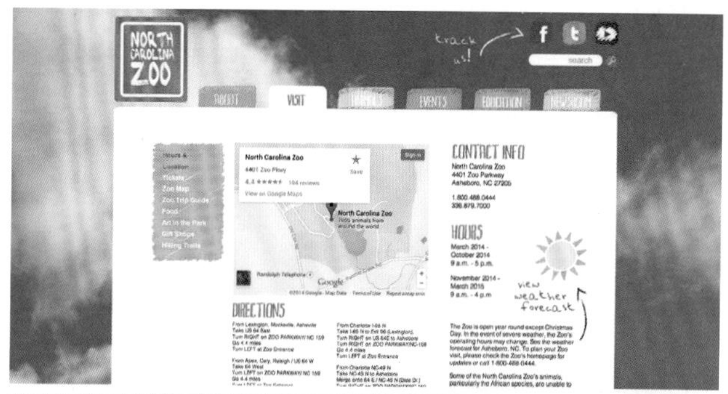

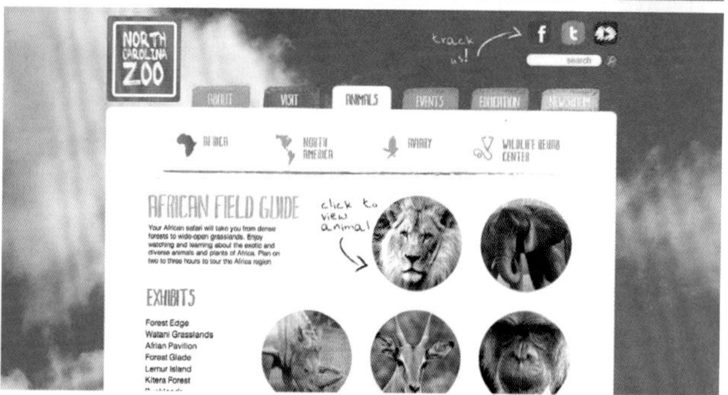

图004　动物园的网页界面设计　有条理地编排图文信息，利用色块图形和标题文字进行导读

第一节 视觉要素

图005 中国元素之奥运精神系列海报设计 王言升

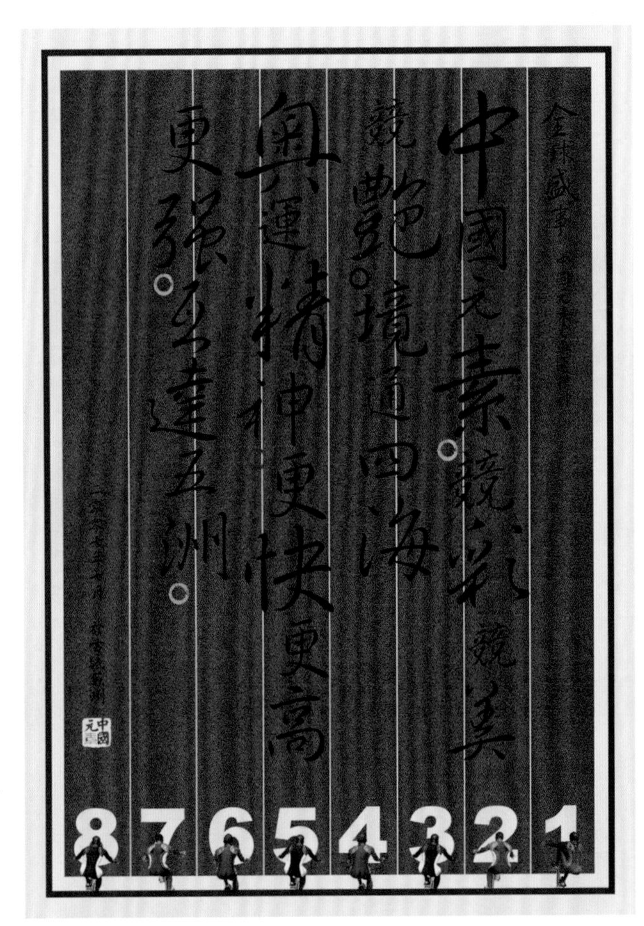

图006 中国元素之奥运精神系列海报设计 王言升

图005、图006两图中汉字的书法体运用，更好地表达了中国元素的主题，文字被放大布局了整个版面，意在将奥运五环打散插入文中做断句标点，版面层次丰富结构，使用统一的构图和色调进行了系列化表现。

一、文字

文字既是承载语言信息的载体，又是具有视觉识别特征的符号系统；它不仅表达概念，同时也传递情感。文字作为语言信息的一种视觉形式，在视觉传达设计中举足轻重。文字在版式设计中，不仅仅局限于信息传达意义上的概念，更是一种复杂的艺术表现形式。文字已提升到启迪性和宣传性以及引领人们审美情趣的新视角。

文字是视觉传达最直接的方式，可以成为任何版面的核心，在很大程度上，进行版式设计就是在经营文字。运用精心设计的文字进行的版面设计，几乎不需要任何图形，就可以得到完整、独特的艺术效果。所以说，能驾驭文字，设计便是成功了一半，甚至是全部。

文字在版式设计中具有很大的可变空间，它在版面中所占的大小、位置、比例、色彩、方向、虚实等的变化，都可以使画面呈现出独具特色的视觉语言，让人得到与众不同的心理和视觉享受。版面的文字包含了图像说明及所有的文字内容(不论是标题还是正文)的混合体。

文字的运用包括多个方面，如字体的选择、字号的确定、字距与行距的变化等。在字体的选择上，标题字常使用笔画粗的字体，如大宋体、粗黑体、综艺体等，英文字体多用罗马体。正文字体常使用笔画细的字体，如宋体、幼圆体、等线体等，英文字体多用无饰线字体。粗壮字体显得强烈稳健，纤细字体显得优雅柔和，不同的字体体现出不同的性格和形象特征。我们在选择标题字体时，要考虑利用字体的特征及字体产生的效果能否准确反映出文案内容。

同一字体通过使用各种艺术性的处理手法，如重组、叠压、图形化等，能产生丰富多彩、风格各异的视觉效果。

文字在版面中既要做到清晰易识，传达既定的信息，又应该美观悦目，具有装饰性和趣味性，以满足人们的审美需求，使人们更加乐于阅读和接受信息（图005～图009）。

图007　立体化处理的文字组合，手绘风格的表现更加强了厚重的视觉效果，不需要任何图形，画面已经很饱满很完整

图008　加拿大艾米丽卡尔艺术设计大学的一个关于自然和技术的展览海报　设计师将Blip一半数字化表现一半运用自然的肌理，使用色彩亮度的对比，拉开了前后层次关系，主题文字放置于最佳视域，其余信息文字采用左对齐和上半部分呼应排列

图009　Beko倍科　欧洲领先家电品牌的冰箱广告　依托照片的空间透视，利用文字的大小变化以及编排的位置，使一张普通的照片呈现出强烈的视觉力度，图文信息都达到非常有效的展现效果

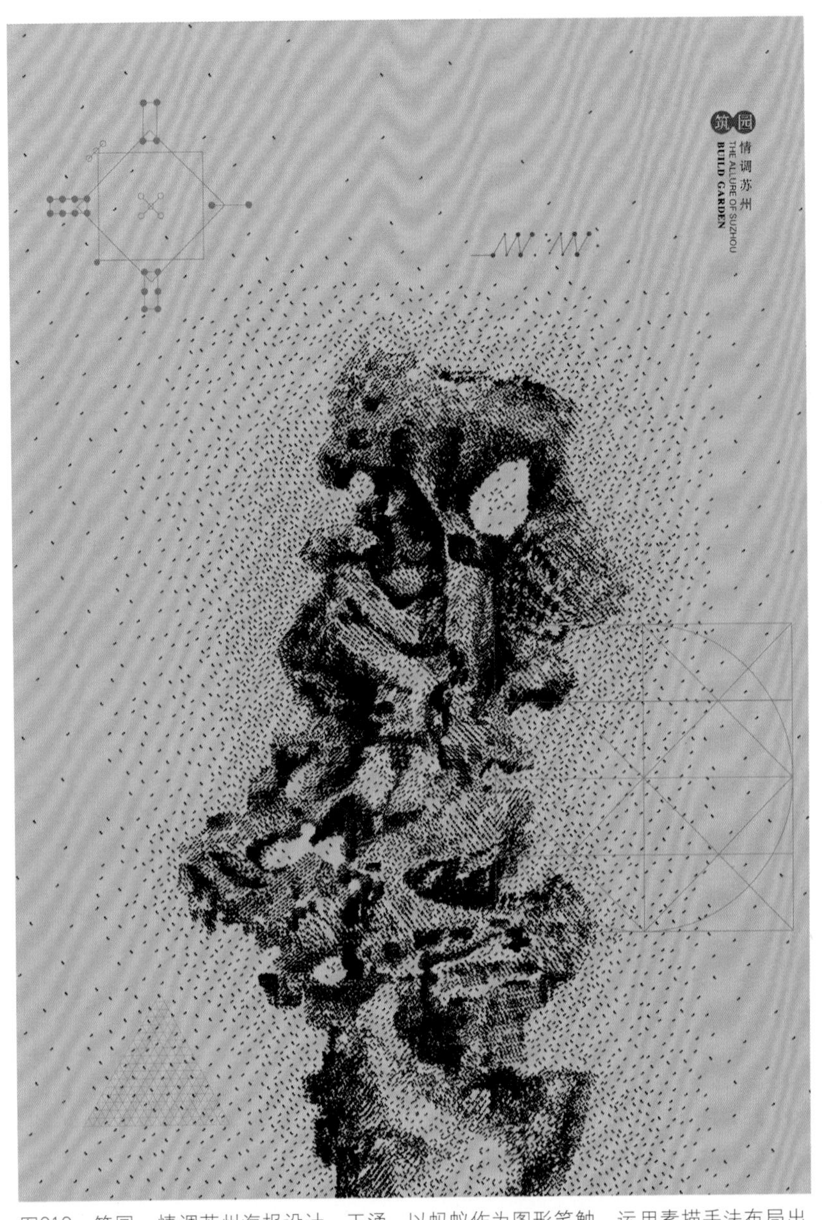

图010 筑园 情调苏州海报设计 王涌 以蚂蚁作为图形笔触，运用素描手法布局出太湖石图形，这种组合图形的方法使版面和谐整体。版面中添加了几何的点线元素，增强了现代平面设计感

图011 筑园 情调苏州海报设计 王涌 同样还用蚂蚁图形布局版面，但与前一幅方法不同，蚂蚁和汉字笔画排列组合出一个场景，更有趣味性地表现了筑园主题

二、图形

图形是版式设计中的另一重要的视觉要素。在人类文明发展史上，早在文字诞生之前，图形符号已经是人类记录和传递信息的重要工具。即使在当今高度发展的社会传播媒介中，图形符号仍是不可或缺的、具有高度视觉认知功能的信息载体，具有无法替代的地位。图形能够非常快速地传达想法和信息，这就是为什么图形是平面设计的重要部分。

图形可以具有不同文化和社会的解释，并且可以通过使用上下文来形成。图形相对于文字，更为国际化，更能被来自不同文化背景的人们所接受，所以图形频繁地出现在各种常见的视觉媒体中，极大地丰富了人们的视觉空间和视觉语言。图形的视觉冲击力比文字要强，它是最为吸引人眼球的地方，能创造出版面最强的节奏。由于它的形象化处理，使得本需文字表达的内容充满创造力的改变，从而具有趣味性和内涵性，使传媒信息如虎添翼，起到画龙点睛的传神作用，使视觉信息更吸引人，打动人。

图形的编排形式应尽量体现设计者所要传达的信息，尽可能地服务于创作表达的内容，既可以显得理性且具有说服力，也可以显得夸张具有视觉张力。

在版面中使用的图形，除了美观，更重要的目的是用来为传达信息服务。所以，图形本身固然重要，但如果滥用的话，就会起到相反的作用，那些多余而花哨的图形会妨碍人们获取真正的信息。因此，在具体的设计中，如何将各种图形进行美观有序的编排十分重要。

图形和文字一起构成了各种变化万千、令人赏心悦目的版面形象。设计师通过变化它们之间的大小、比例、构图、位置以及色彩等，使一个二维空间的平面通过对比产生视觉上的纵深感和层次感，从而达到三维空间所具有的空间感及立体感，或者通过正负形的空间处理，给阅读者留下更加丰富而强烈的视觉印象（图010～图013）。

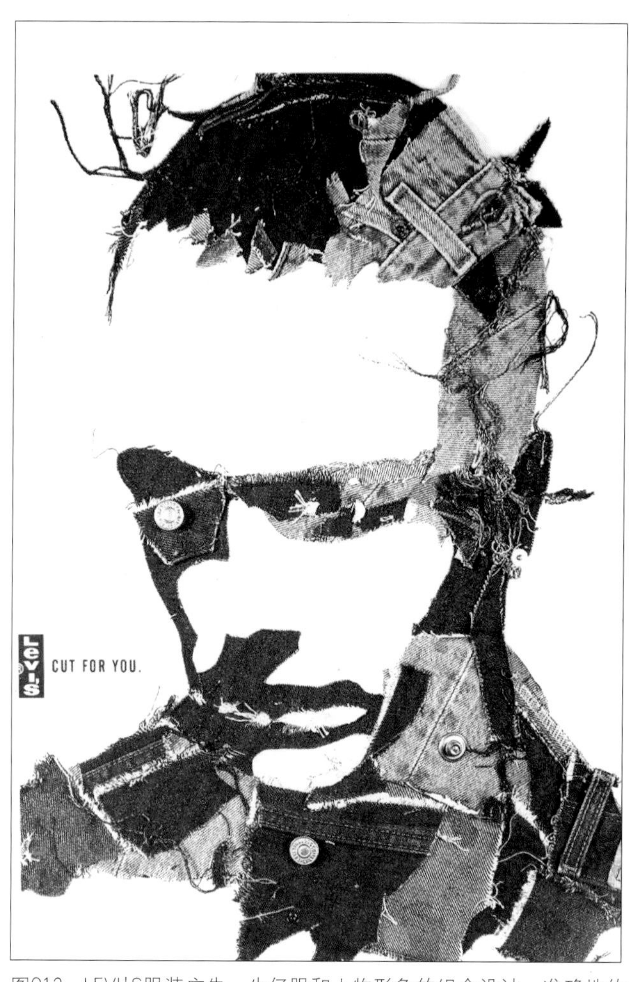

图012　LEVI'S服装广告　牛仔服和人物形象的组合设计，准确地传达了品牌信息

图013　版面以一个大图形为轮廓图，将一定数量的抽象矢量图形平均布局到其中，这是常见的多个图形组合方法

三、色彩

色彩的合理应用是优秀的版式设计中另一个不容忽视的重要因素，在版式设计中，色彩可能会成为影响你传达主题手法的主要力量。对它的选择应该非常慎重，因为并不是每一种颜色都适合于你的设计主题。首先，应该先决定作品要传达的是一种什么样的讯息和形象；然后，对与它相适应的方案进行评估；接着，再创作出一幅有合适产品与和谐色彩的图片与之相匹配；最后，对你所要表达的信息和形象不断地用不同的色彩练习，以找出最适合的方案。

色彩是设计师进行版式设计时最活跃的元素之一，它不仅为版面增添视觉变化，还可增加版面的空间感，特殊的色彩组合可以造就版面的情趣。要表现和谐的感觉可选用邻近色，要表现更多的张力和变化，则使用对比色，对比色的视觉冲极力强，可以迅速引起注意。当颜色和字体组合在一起时，文字的易读性常靠颜色的对比来保证。伴随大量平面设计软件和印刷技术的进步，将色彩、文字和图形进行编排组合，既迅速又便捷，同时也产生许多意想不到的效果。

不同的色调会在人的心理上产生不一样的视觉感受，可以将这种感受运用到不同的版式设计中去，和其他的基本要素一起构成统一的风格特征。比如，冷色调通常给人理性、严谨、冷静的印象，所以蓝色在一些电子、计算机等高科技类型的产品宣传广告中被广泛采用。而暖色调则给人温暖、热烈、甜蜜、满足的感觉，因此温暖的橙色常被用在与食品相关的领域，更容易引起人们购买、食用的欲望；热烈的红色则多用于表达一种热闹、欢快的气氛。

色彩的作用还表现在通过调整不同色彩在版面中所占分量的大小，对整张构图的分割结构和平衡产生一定的影响。无论一个版面中有几种色彩，都应该有主次或前后之分，通过不同色彩的明暗程度对比，使版面中的各视觉要素之间产生远近、虚实的秩序感，否则整张版面就会显得过于凌乱，人的视觉焦点会无所适从。通过色彩的分割可使版面的文字与图形产生对比或统一的关系，使版面增加韵律、节奏和呼应等美感（图014～图018）。

图014　高雄师范大学毕业展视觉形象海报设计　李宏文　多彩的运用使版面灵活，气氛热烈，色块层次感极强，很好地使用了三维空间布局信息文字

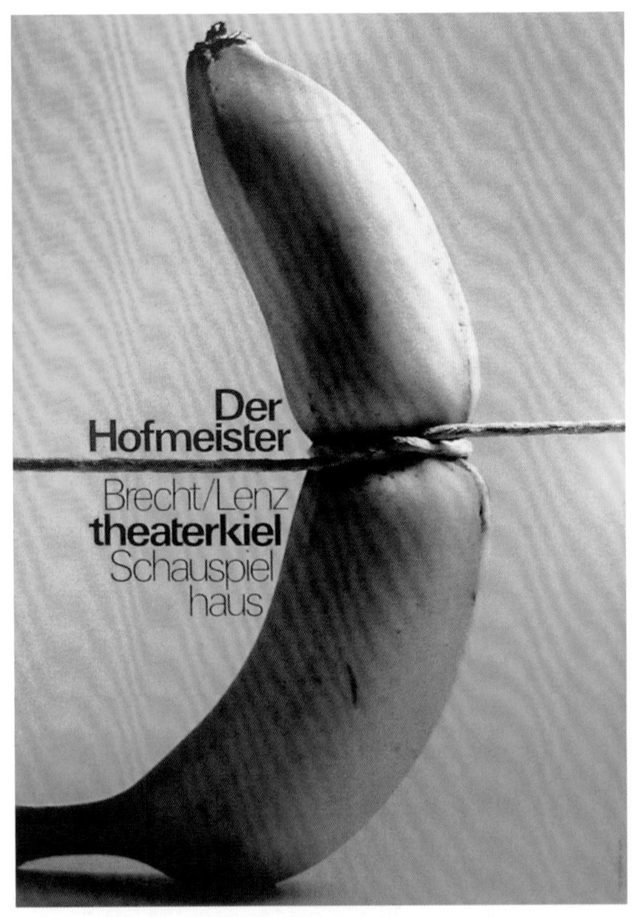

图015　海报设计　霍尔格·马蒂斯（德国）　背景色使用图形的同类色，使主色调明确纯粹，版面统一和谐，大面积醒目的黄色使得版面视觉冲击力更加强烈

图016 美术 字体实验系列海报 陈波 使用色彩的渐变表现字体创意，在版面编排中，白色的标题文字和几何线条增强了版面层次感，小面积的对比色起到了强调主题的作用

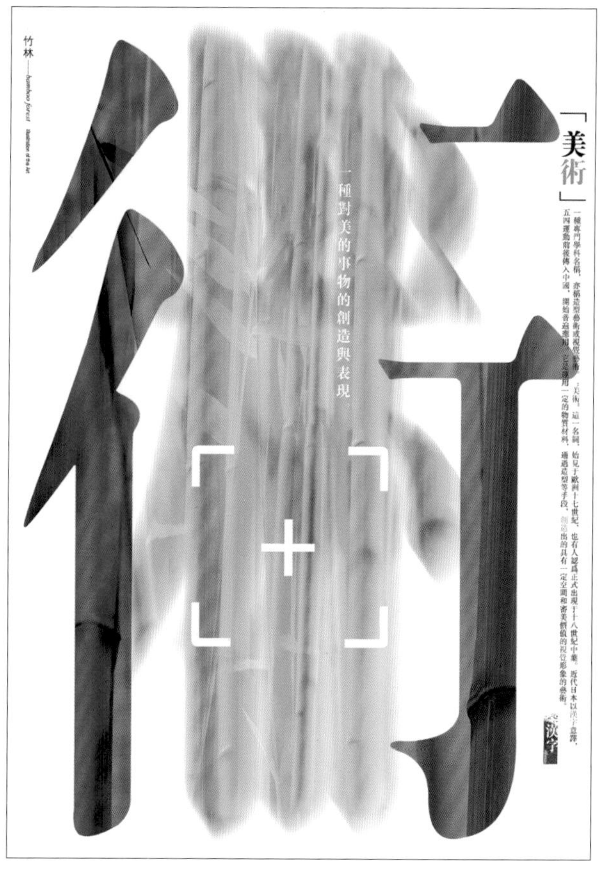

图017 美术 字体实验系列海报 陈波

面对色彩的使用可能爆发出的无穷变化，对于初学者，有一条规则可以尝试，那就是不要过度使用色彩，否则你将对它失去控制，破坏版式整体效果。

四、肌理

肌理通常是指各种粗细、质感不一的点、线、面所形成的表面纹理，可以是特意绘制的，也可以是自然界原本存在的。在版式设计中，肌理的运用，相对于文字和图形，可能是毫无意义的、可有可无的，所以它常被看作是辅助性的视觉要素。实际上，在版式设计中，文字和图形的视觉元素也都可以形成一种肌理。当文字和图形作为肌理，它们不仅承载着特定的视觉语言信息，更呈现出由于形象特点不同而产生的粗犷豪放、柔和细腻、简洁流畅等不同的质地效果，带给人视觉上多重的感受（图019～图023）。

图018 文字布局的位置恰是本张图片的最佳视域，红色的运用和黑色形成强烈的对比，使版面简洁而有力，并且增强了空间感

图019　国际艺术研讨会海报　加拿大　运用计算机技术对画面和图形做了肌理化处理，增强了版面的丰富性、律动感和层次感

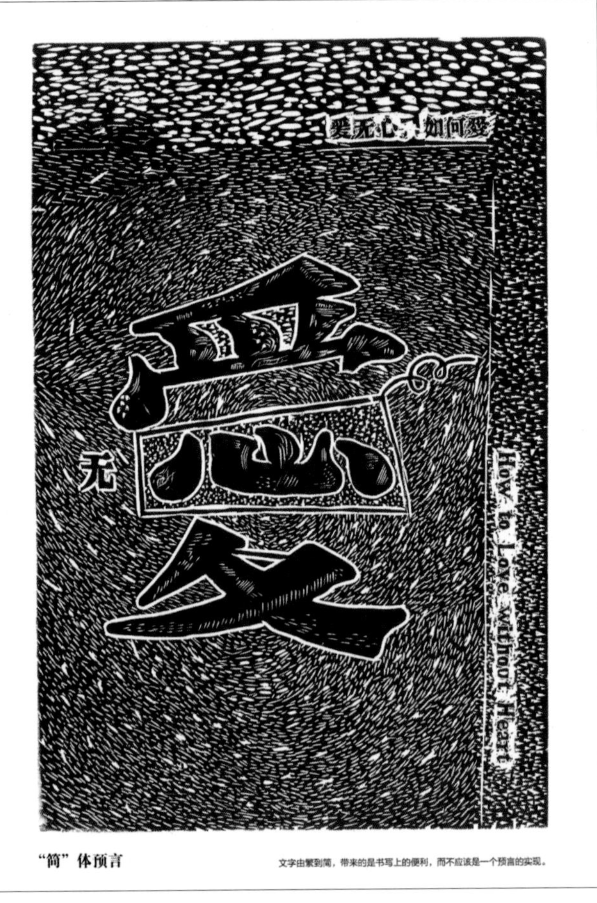

图020　爱无心“简”体预言系列海报　宋振

图020～图022中，手绘的肌理效果充满整个版面，用不同的肌理表达不同的主题。例如，在“亲不见”的版面中，肌理运用了空间透视的强烈效果，既表达了背井离乡的距离感，又唤起临别之际的场景感，版面的感染力因为肌理更加突出。

在版式设计中可以利用不同的肌理效果进行修饰，增加整张版面的视觉感染力。在计算机技术普遍运用之前，大多数的肌理效果都是凭借手工操作，通过特定的工具、材料和技法运用，来达到设计者预想的创作目的。常用的技法通常有晕、吹、喷、洒、刮、拼贴等，它们体现出一定的层次、浓淡、干湿、速度等不同的视觉感受，给简单的版面赋予更加丰富的视觉体验。现在，由于计算机的普及，各种平面设计的绘图软件也层出不穷，设计师所要表达的设计创意用计算机进行制作已经几乎没有任何障碍。利用计算机来进行各种肌理效果的制作或辅助制作，并且在版式设计中加以应用已经成为一种重要的设计手段，也是丰富版式内容使其更加具有视觉吸引力的常用手法之一。

肌理在版式设计中虽然是辅助性的，但它可以起到统筹版面的作用，使文字、图形和色彩更好地组合在一起，使版面内容和层次更加丰富有趣。

图021 乡无郎“简”体预言系列海报 宋振

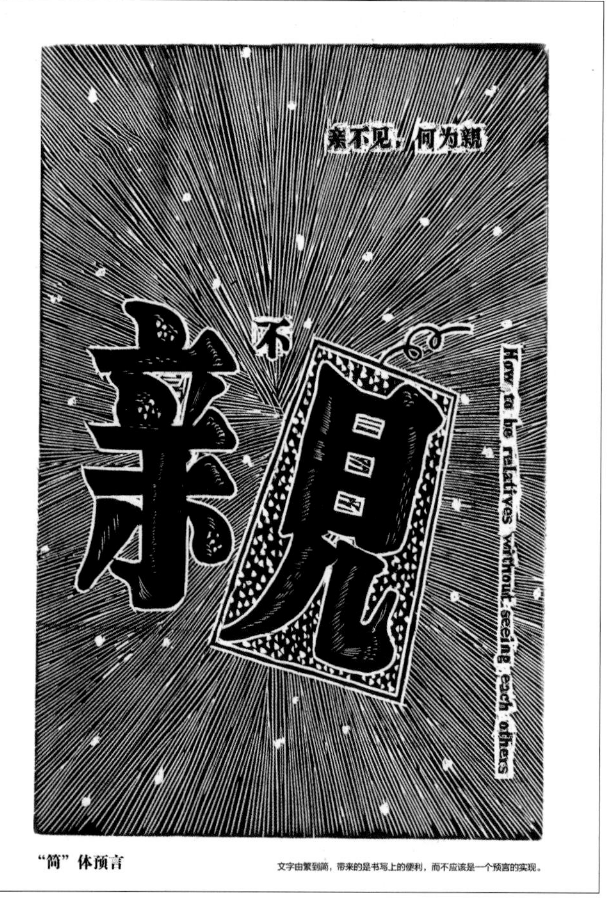

图022 亲不见“简”体预言系列海报 宋振

图022 梦回徽州海报 李辉周 运用斑驳的拓印的画面肌理效果，将纤细的文字笔画和起伏的群山等视觉元素统一到一起，注意版面中的群山也使用了肌理效果，肌理使作品更加充满了意境

五、点、线、面

点、线、面是几何学的概念，在版式设计中常被作为抽象图形运用。版式设计实际上就是如何经营好点、线、面的关系。不管版面的内容和形式如何复杂，但最终都可以简化到点、线、面上来。一个字母，一个色块，可以理解为一个点；一行文字，一行空白，可以理解为一条线；数行文字，一片空白，一块肌理，则可以理解为面。它们相互依存，相互作用，共同构成千变万化的版面形式（图024～图026）。

图024　云墙　苏州印象海报设计　王言升　用简化的点和曲线表现云墙，以书法用毛边纸的肌理作为面，点、线、面有序组合在一起，版面简洁又有韵律

图025　字体设计　通过有秩序地变化文字大小，在二维的点线面文本上塑造出三维的立体空间

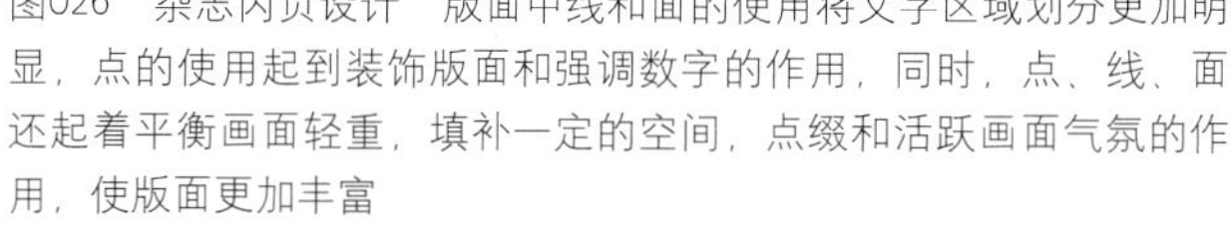

图026　杂志内页设计　版面中线和面的使用将文字区域划分更加明显，点的使用起到装饰版面和强调数字的作用，同时，点、线、面还起着平衡画面轻重，填补一定的空间，点缀和活跃画面气氛的作用，使版面更加丰富

THE FUTURE OF EVERYTHING

HEALTH

MEDICINE WRIT LARGE

As we begin to eliminate disease, the role of physicians will be less about healing people's bodies and more about enhancing people's lives **BY KIM SOLEZ** *as told to Kate Black*

In 1848, one of the most influential pathologists in history, Rudolf Virchow, made the oft-quoted statement that "medicine is a social science, and politics is nothing but medicine writ large." Virchow believed that medicine has a responsibility that extends far beyond treating and diagnosing illness.

This is true today, as we can see that a person's access to health care, in many ways, determines their overall quality of life. But I predict medicine's influence on society is going to grow more dramatically in the coming decades.

In 2011, I pioneered, and have since taught, a University of Alberta class called Technology and the Future of Medicine. The course queries the perils and possibilities of medicine and asks a variety of mind-tingling questions, from "Is evil a treatable disease?" to "Will there be medical ethics after robots take over?" We talk about the possibility of technology wiping out the human race. But the opposite could also happen, where technology wipes out all known disease. I believe the second scenario is more likely, and one of the goals of my course is to prompt discussion that helps encourage that future.

As a pathologist and professor at the Faculty of Medicine & Dentistry, I've come to believe that the future of medicine will involve more than treating disease. Medicine will come to radically improve and enhance human life. Imagine what medicine could be when we can mend or treat every thing — a future that's becoming more real every day. People will not only seek to be better physically — smarter or more physically fit — but will also want to be improved morally and spiritually. Physicians, I think, will become experts on how to help "patients" improve on vast social levels.

Even with future advances in technology, we will never be without the need for human physicians. Yet it's nearly impossible at this point to know which physician tasks will be taken over by machines because some of the tasks being replaced in 2015 are those you would least expect. For example, robotized psychotherapy treatment, where patients can speak with an engineered "therapist" through their computer, is becoming increasingly common.

Over the next 100 years, medical schools will have to change. They will need to educate both machines and humans. Rather than taking four years of study, medical school might take four months or four days — or maybe four hours, through a downloadable brain chip. As physicians' social responsibility increases, I expect a different type of person will be attracted to medical school. It wouldn't be surprising to see more sociology and political science majors than biology students donning white coats. To prepare for the future, I believe we have to change how we train doctors — starting today — to focus on a humanistic sense that goes beyond disease.

Physicians today undertake a huge responsibility, and I don't think that's going to change. In fact, it could become even greater. In the future, physicians will have to ask themselves if they're ready to take on the responsibility of "medicine writ large," or as Virchow described the doctor, to be "the natural attorney of the poor."

Doctors will require a humanistic sense that goes beyond disease. There's no limit to what human beings might want — and be — or to physicians' role in helping transfigure society. ◉

Since 2011, Kim Solez has been asking students to ponder topics like *The Promise and Perils of Nanotech*, *3D Printing and Medicine* and *Is Technology Making Us Fat?* in his course Technology and the Future of Medicine. The interdisciplinary course considers the effects of technology on medicine in both the developed and developing world. He shared with us some of his conclusions after years of thinking about the role of physicians in the coming decades.

***Kim Solez is a physician,** technofuturist, writer and leader in pathology. In addition to teaching Technology and the Future of Medicine at the U of A, he is a professor of pathology, one of the world's foremost kidney pathologists and CEO of Transpath Inc. You can watch some of the Future of Medicine classes at youtube.com/user/KimSolez.*

42 | newtrail.ualberta.ca

Questions That Will Keep Future Ethicists Up at Night

Omar Mouallem spoke to U of A philosopher and ethicist Jennifer Welchman

1. **Should we save endangered organisms with genetic engineering?**
Some of Earth's 21,000 most vulnerable plants and animals could be preserved with hybridization, but changing genomes might tilt ecosystems in unforeseen ways.

2. **Who's liable for driverless car crashes?**
The technology's here, but agreement on who'd foot the bill for accidents — the manufacturers? owners? passengers? — is many years away. Add the possibility of cars occasionally choosing between pedestrians' or passengers' lives and you've got the Cadillac of conundrums.

3. **Can you really replace human companionship with artificial systems?**
Machines perpetually supplant human jobs, but in the costly health-care system, especially elder care, we'll balance cost-effective, efficient and errorless monitoring with purely emotional needs.

4. **Who's entitled to use human enhancements?**
Bionic limbs and artificial transplants improve quality of life for the physically disabled and unwell, but inventors appealing to mass markets could result in a class of superhuman elites.

HEALTH

On-Demand Health Care

And five other predictions about how we'll care for our bodies in the future

People will access health care where they want, when they need — like an amazing Netflix 3.0! Human connections with professionals will never be as challenging or as important.

Alex Clark
Professor and associate dean of research, Faculty of Nursing

I predict that, 100 years from now, the benefit from a significant investment in educating health professionals will have a meaningful and lasting impact on improving the health system.

Sharla King
'92 BPE, '95 MSc, '01 PhD
Assistant professor and director, Health Sciences Education and Research Commons

We will all wear sensors that measure our vital signs and transmit them to large data-mining computers to automatically determine our state of health.

Pierre Boulanger
Professor, Department of Computing Science

The future of health care includes: replacement of the word "patient" with "partner," truly integrated holistic health care, management of technology, downsizing of big-box hospitals, precision diagnostics.

Olive Yonge
'74 BScN, '78 MEd, '89 PhD
Professor, Faculty of Nursing

Exponential improvements in imaging technologies will greatly enhance our ability to accurately and instantly detect and diagnose human disease — to the point where there will be many fewer humans living with disease.

John Ussher
'10 PhD
Assistant professor, Faculty of Pharmacy

As we near 2115, diagnosis may be as simple as using a brain-computer interface to diagnose the patient's current condition as well as his future conditions, thus allowing preventive steps to be implemented immediately. Engineers will be at the forefront of this revolution.

Robert E. Burrell
Chair of Biomedical Engineering, Faculty of Engineering, and Canada Research Chair in Nanostructured Biomaterials

newtrail WINTER 2015 | 43

1. 点

几何学意义上的点具有一定的位置，但没有大小。设计中的点有大小，有形状，还具有其自身特有的功能。例如，点可以表示位置（地图上的点）、点可以表示强调（文章中文字下面附加的点）、点可以表示断句（标点）、点可以表示继续（间隔符号）、点可以表示数量（星号*）等，这些功能都能在版式设计中加以广泛应用。

一个设计意义上的点，它可以用任何一种形态来表示，一幅图、一块色、一件物、一个字等。点是设计中最小的也是最基本的造型元素，无论什么形状的物体，只要具有点的功能，就可以看作是点。正是点的这种不定性，使点有可能成为画龙点睛之“点”，可以形成画面的中心，也可以和其他形态组合，起着平衡画面轻重，填补一定的空间，点缀和活跃画面气氛的作用。点还可以组合起来，成为一种肌理或其他要素，衬托画面主体。在画面中插入点，既可以表现平衡感，也可以用于强调。对于读者来说点很自然地就吸引了眼球，达到版式设计本身所要发挥的功能。

版式中点的构成，是由位置变化和分量关系来表现的。在版式设计中，将点加以巧妙地利用，会产生意想不到的生动效果。在一幅平淡略显乏味的版面设计中，一个或几个点的点缀可以令整个版面具有生气而鲜活起来。许多设计师在创作作品时，都会灵活娴熟地将点的这种跳跃性加以运用，对整个版面的结构做精心的安排，使其呈现出独特的效果。

点与线、点与面有时候是可以互相转化的。如果将一些个体状态下面积较小的点，做一些秩序化的排列连接，无论它的形状如何，我们都能明显看到，除了点的概念，虚的线的形态被显现了。因此，只要将点纳入到不同的线形轨迹中，都可以产生虚的线的感觉。由于点所具有的这种特征，在具体的版式设计中，我们可以利用其来引导观者的视觉流程，从而达到设计师预想的设计目的。如果说点与线的转化是点沿着有序的线形向相反的两边延伸的话，那么，点与面之间的转化则是点作为一个元素向四周扩散和反复衍生所产生的结果，是由点的量化所产生的体积感（图027～图030）。

图027　普埃布拉设计节海报　贝尼托·卡瓦纳斯（墨西哥）　运用大小不同的黑白点和版面中两个主题图形组合，丰富了版面层次，填补了版面空间，使版面气氛活跃

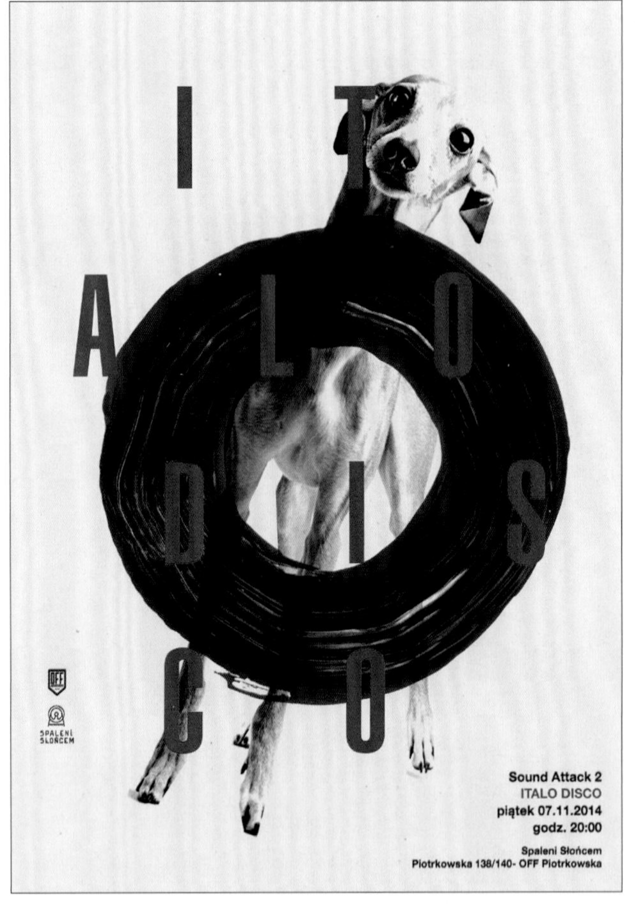

图028　迪斯科活动海报　打散的主题文字点状布局，图文之间环状的面的增加以及运用强烈的红色，增强了版面的层次关系，并使版面显得灵活生动，富有律动感，和迪斯科主题相吻合

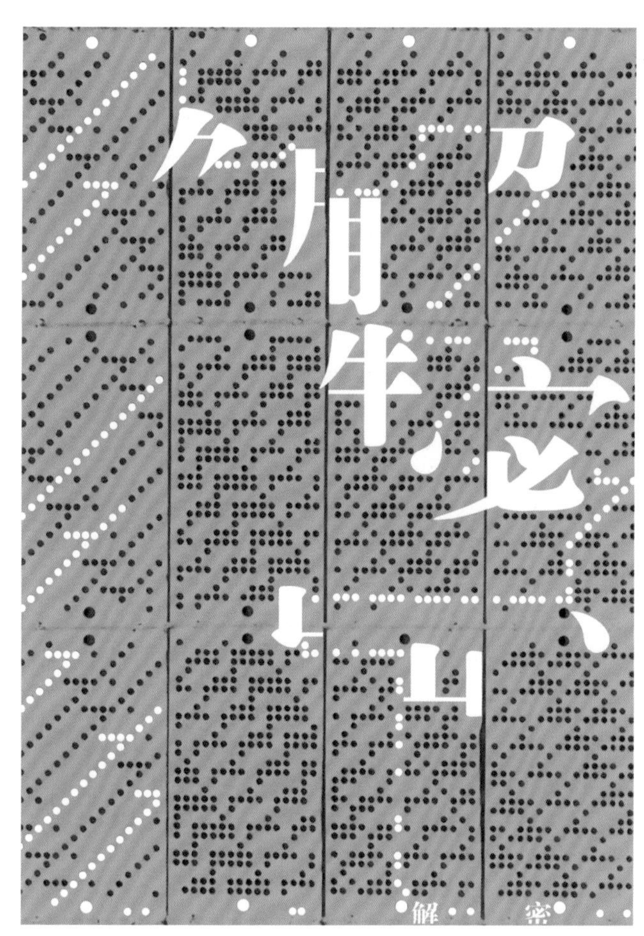

图029 解密·字体实验海报 张洁玉 运用点有秩序地疏密排列塑造版面的肌理效果

图030 童玩·少儿创意大赛海报 刘江平 使用乐高积木作为点的视觉元素，用拼出的主题文字作为版面主体图形。此外，版面的线框和散落的装饰点，起到了烘托气氛的作用

2．线

几何学里的线是由点的移动构成的，不具有面积，但具有长度、位置以及空间方向。设计意义中的线有着不同的尺寸、颜色和素材，也有其自身特殊的功能，例如，线能够连接两点（地图上的路线）、线可以表示强调（下划线）、线可以表示状况的变化（分析图表）、线可以表示物体之间的界限（分界线）、线可以表示假定存在的轮廓（边缘线或轮廓线）等。

设计中的线既可以直接用线条来表达，也可以用文字、图形来表达，它们在版面中起着装饰、界定、分割等功能，并理顺文字、图形在视觉上的复杂关系。另外还有一种容易被我们忽略的线是：我们在阅读版面时无形中产生的空间里的视觉流程线，就好像视线随着各元素而转移时的运动流程，设计师应该予以重视并且合理地运用。

无论是直线或曲线，在很多情况下可以和面相互转化，当多个线条有序地排列展开时，必然会产生面的形状。这种面的感觉的强弱与线的排列疏密有着很大关系，线条排列越密集，面的感觉就越强，反之，面的感觉就弱。

在版面设计中，文字构成的线往往占据着画面的主要位置。同时，线也可以构成各种装饰要素以及各种形态的外轮廓，它们起着界定、分割画面以及引导和指示的作用。版面设计中的线会呈现出不同的表现形式，粗细、虚实以及排列方式等不同都有可能给人造成不同的视觉和心理感受。它可以起到画龙点睛、平衡、丰富、活泼等作用，还会产生方向性、流动性、延续性及远近感，形成空间上的深度与广度。因此版面设计中对线的运用要注意结合内容主题，充分利用不同类型的线所具有的性格进行表现（图031～图034）。

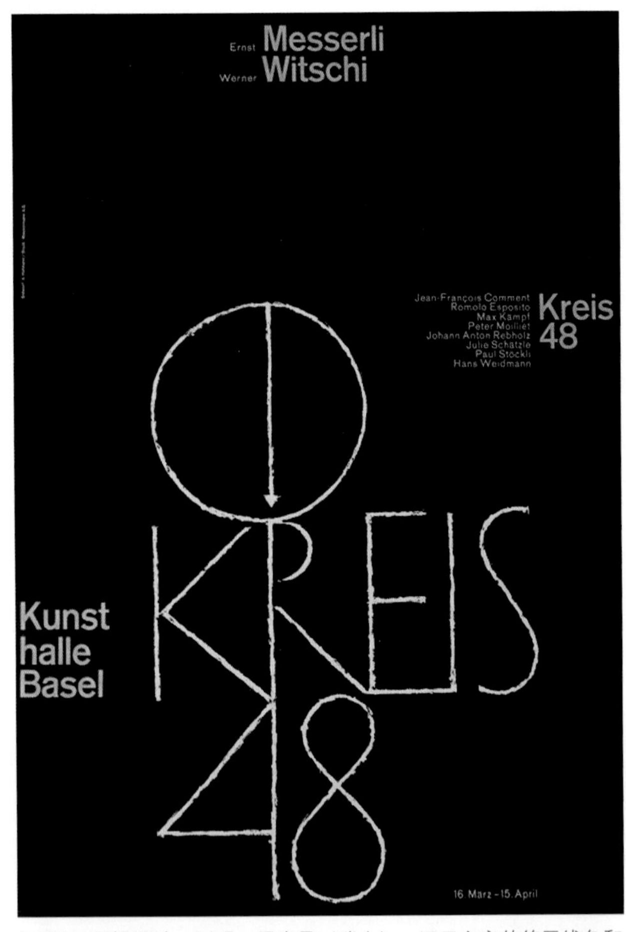

图031　海报设计　阿明·霍夫曼（瑞士）　运用文字的笔画线条和几何图形连接组合，构成富于艺术性的主体图形

图032　运用文字行的弧线变化和图形编排，增强版面的艺术效果，使版面丰富、活泼，具有运动感

图033　运用文字排列的弧线，交汇组成拉链的图形。点状的文字使用了多色处理，版面活泼、丰富，有节奏感

各种线在人们的视觉心理上形成的感觉各不相同，例如，直线显得简洁明确、干脆利落、安静稳定；曲线显得饱满丰富，具有柔软性及动态感；折线则显示出某种不安定因素，富有现代感和速度感；而自由曲线则表现随意，给人以感性的抒怀。随着其不同特征而造成的在视觉上的多样性以及在特定版面环境上的编排形式的不同，线给人的感觉也会大不相同，这对于设计师在版式设计中如何合理地运用线给予了很大的创作空间。

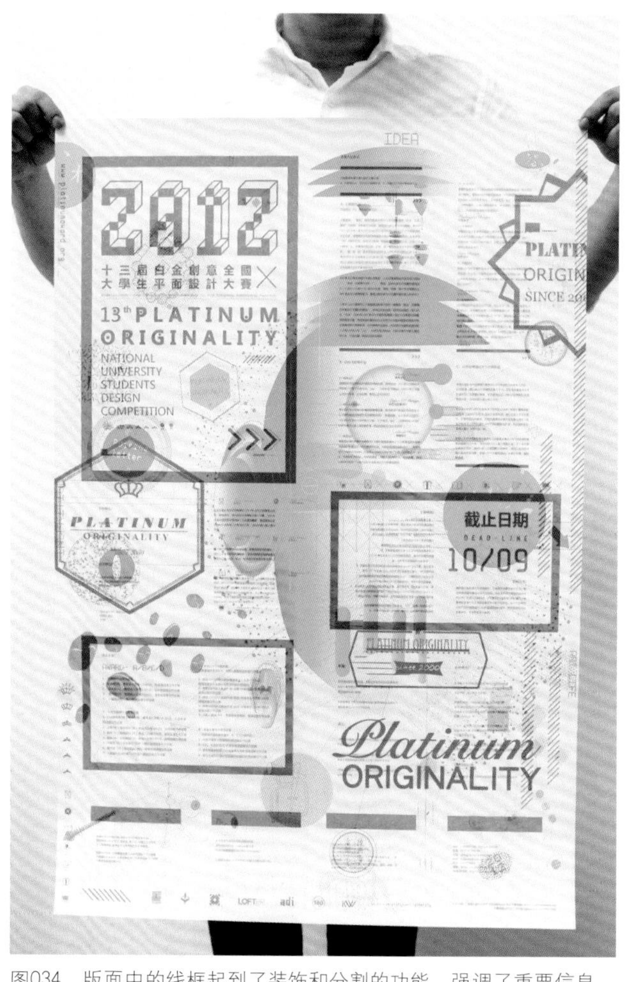

图034　版面中的线框起到了装饰和分割的功能，强调了重要信息，并理顺了文字关系

bear country

YOUR GUIDE TO

WINTER SURVIVAL

HOW TO SURVIVE THE GHASTLY COLD, BUT GREAT, OUTDOORS

by JEN JENSEN

AROUND THIS TIME EVERY YEAR, a raging case of cabin fever gets me thinking I should shake off my electric blanket, grab some granola and head for the mountains. But then I think of how fond I am of my fingers and toes and how I'd hate to lose any of them to frostbite. Like many people, I prefer my great outdoors sunny and warm. But after decades of living in a winter climate, I came to realize I'd been missing out on some cool chances to enjoy nature's chill.

Determined to make the most of the winter wilderness without making the local news, I joined 50 U of A alumni, volunteers and guides from Discover Banff Tours to learn some important survival tips. We met in Banff, Alta., on a frosty Saturday morning. A short time later our bus spat us out in Marble Canyon in Kootenay National Park, B.C., where we strapped on some snowshoes, and over the next few hours we trekked through the woods and learned how not to die in them. We built shelters, got advice on what to pack, probed the ground in search of pretend avalanche victims, were taught how to keep warm and stay hydrated, and much more. Here are some of the tips we learned.

What to Pack

Along with the maps, mitts and other must-haves (snacks!), here are a few other essentials to bring along.

1 / Small shovel: Handy for making an emergency shelter or digging someone out of an avalanche.

2 / Boiling water: Fill your vacuum bottle with hot water to avoid trying to drink an ice cube later.

3/Tarp: Use it for respite from the wind and anything else the skies throw at you.

4 / Small first aid kit: Use a plastic bag to keep this and other emergency supplies, like matches, dry.

5/ Seat pad: Sitting on snow or ice to eat your granola will quickly chill you out, and not in the good way.

6/ Whistle: It lets your buddies or rescuers know where you are.

7 / Locator beacon: Get a real one, not some app on your smartphone.

8 / Extra layers of clothing: Don't wear cotton, because it retains moisture, and once it's wet you'll never get dry again. Bring clothes made of synthetic fabrics that wick away sweat, such as polyester blends.

9/ Headlamp: When the sun goes down, visibility in the mountains drops dramatically.

Have Snowshoes, Will Travel (Eventually)

Our guides said the great thing about snowshoes is you can go anywhere in them. I suppose that's true if you manage to stay upright for more than a few minutes at a time. I could not. And, once down, I always needed a friendly hand to get me back up. Watching me flail around helplessly yet again, our guides hollered out this helpful advice:

> You can't walk backwards in snowshoes without falling. (D'oh!)

> If you try to stand up from a sitting position, you'll just fall down again. (Very true.)

> Instead, throw yourself forward and push yourself up from a crouched position. (It works!)

Lost

If you think you are lost:

S

Stay Put

If you wander around you'll end up even more lost.

T

Think

When was the last time you saw something familiar?

O

Observe

What are your surroundings? Are there signs of other people?

P

Plan

When is the sun going down? Do you need to start setting up a shelter?

Helter Shelter

The weather has closed in and it's just you, a tarp and some rope against the elements. Here are three important things to consider when building an emergency winter refuge.

Wind

Which way is it blowing and how hard? You might be more visible to rescuers out in the open, but in extreme temperatures, a treed area is probably the better option.

Entrance

Is it away from the wind and easy to access? If it requires the flexibility of a Cirque du Soleil performer to get in and out, you might want to renovate.

Fire

Where will you put it? If it's inside the shelter, keep it low so the roof doesn't melt and be sure to keep the shelter ventilated.

Cold Hard Truths

The Rule of 3 means you can survive:

3

minutes without air

hours without heat or shelter

days without water

weeks without food

ILLUSTRATIONS BY JASON SCHNEIDER

Pour it On

I always thought that if I got stuck in the wilderness in winter and ran out of water, I'd melt snow for drinking. Nope. It turns out it takes water to make water, so be sure to pack extra. If you just dump some snow in a pot and stick it on your campfire it will only overheat and begin to scorch. So pour a bit of good old H_2O into the bottom of your metal pot first. Now add your snow and more water if needed.

10 | newtrail.ualberta.ca

newtrail WINTER 2015 | 11

图035 杂志内页设计 版面中使用了三种不同的线来界定图文信息，白色虚线分割界定正文的主要段落信息，较细的黑色虚线在段落中进行二次分割，而白色的实线将图形归属到几何的圆形和矩形中。这些线的使用，将复杂的信息有序地编排，使传达更加有效，版面结构更加清晰、舒适

在版面设计中，线有个很重要的作用就是分割。一个成功的版面设计既要考虑版面中各元素间的关系，又要注意整个版面的空间关系，以保证和谐的视觉感受。这就需要实的或者虚有的线条进行版面的分割，把相应的归属或主次等关系调整清楚。

线一旦在版面中起分割的作用，就会自然而然地形成一个空间。在这个空间范围里，各种元素被界定好，形成一种“归属感”，被很默契地聚在一起，引起阅读者的视觉注意力。而这种“归属感”的强弱往往与起分割界定作用的线的粗细、虚实有着至关重要的关系。线越粗越实，这种感觉就越强，反之则越弱。

同时，我们还应该注意的是，线的粗细、虚实也直接影响着被界定的文字图形的强弱程度。线越细，版面越显得轻快而有弹性，但同时所谓的“归属感”就显得相对弱了；线越粗，所限定范围内的元素越被强调出来，越能吸引阅读者的注意力。不过，如果太粗的话，也会使元素过于强调，并会让人有封闭、呆板的感觉，这样反而适得其反。所以我们在设计的时候必须对整个版面的主次、呼应、形式、空间等各方面进行全方位考虑，不断改善，达到既传达信息又具有感官上的美感的目的（图035～图037）。

图036　运用文字和直线，共同组织出一个图形，色彩的运用和线条均衡布局创造了霓虹灯的视觉效果。这是一个非常好的训练点形成线、线形成面、面形成体的案例

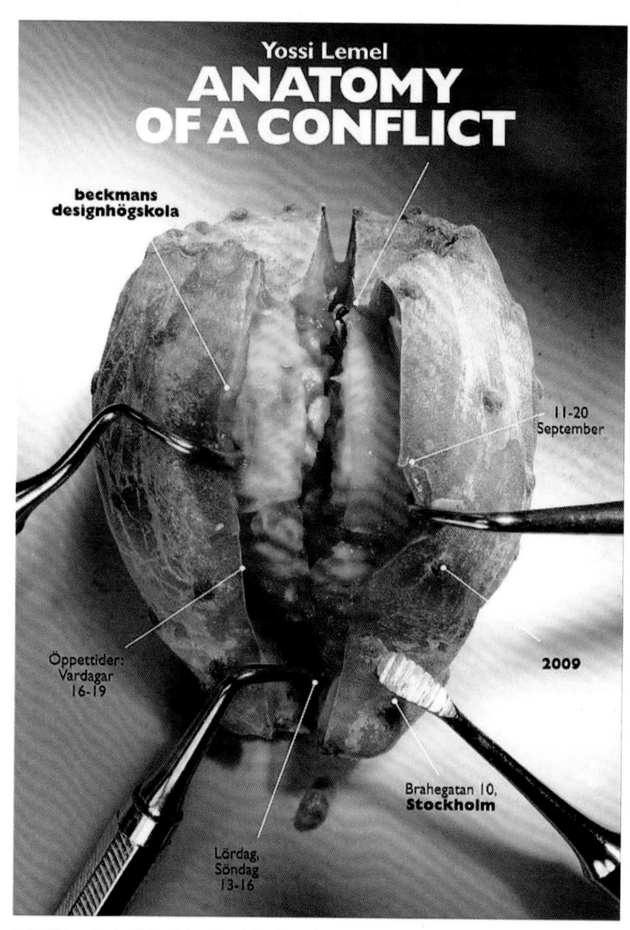

图037　冲突的解剖　设计展览海报　约西·莱梅尔（以色列）　运用线条组织图形和文字，有力地表述了主题思想

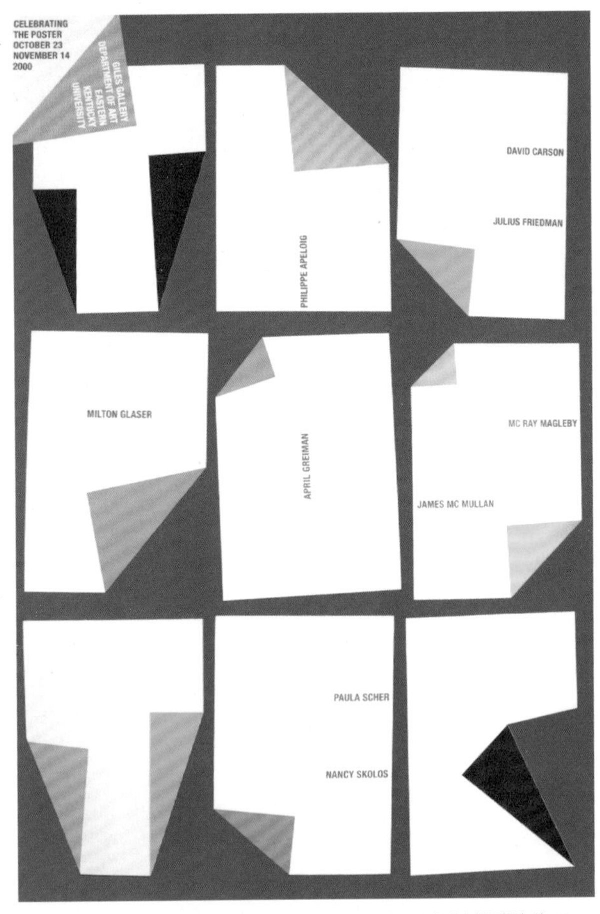

图038 使用纸的图形特点来表现面，既起到分割版面的作用，又起到平衡和丰富空间层次、烘托深化主题的作用

3. 面

面，是线的移动轨迹，即在二维空间中平铺展开后的部分。面在版式中的编排构成是我们很容易理解的，它既可以被看成是点、线的聚集，也可以被看成是线被分割后在版面中形成的不同比例的“形”，当然也可以是一个图形。

面的最大特征是它具有一定的体量感，如果说点的量感是在点的集中时获得，线的量感要通过线的密集排列才能具有的话，那么，块面本身就已经具备了体量感。设计师在进行版面设计时，要充分考虑到面所具有的体量感，将版面整体精心编排，以保证视觉上的平衡和舒适。

使用面来分割版面，能够起到平衡和丰富空间层次，烘托深化主题的作用。在版面中的面，其大小、虚实、空间、位置等不同状态都会产生不同的视觉形式。相对比例较大的面还可以烘托整个版面的气氛和主题，吸引阅读者注目，继而深入阅读版面细节或其他内容（图038～图045）。

图039 腿部脂肪按摩膏广告，放大图形局部而产生的面，编排文字装饰其中，丰富了版面并强化了主题，图与底使用对比色彩，使视觉效果强烈明快，吸引阅读者

图040 运用具有强烈透视效果的面，极大地夸张了三维空间感，版面简洁明快，现代感强

图041 运用文字肌理效果表现面，图形、文字以及底色更好地融合在一起

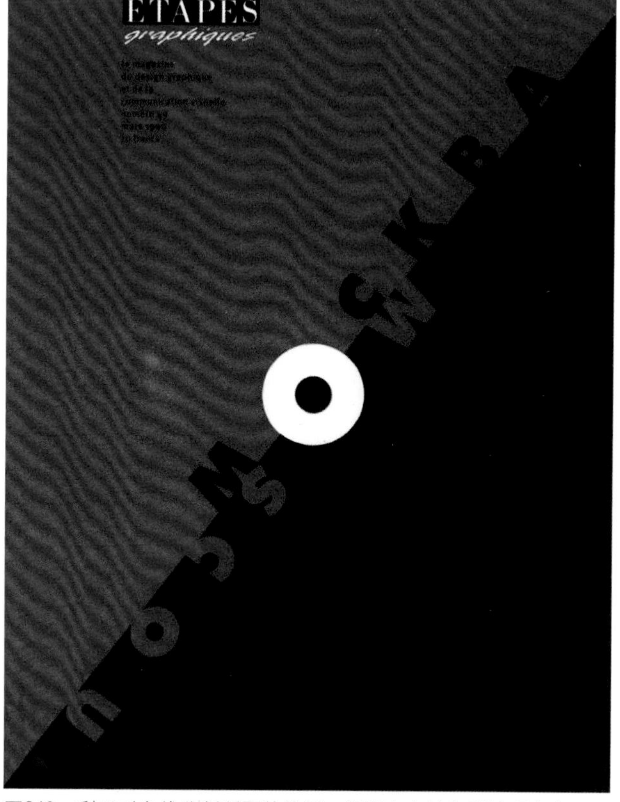

图042 利用对角线分割版面的构图，标题文字的色彩处理丰富了两个面的关系，现代简约的版式风格

面是各种形态中表现语言最富于变化的视觉要素。在版面设计中，面的表现包括了各种色彩、肌理等方面的变化，版式中的面主要以色块、图形、图片和插图为主，也包括以文字组成的虚面。面的开放和闭合以及边缘的变化对面的视觉表现力也有着很大的影响，不同的处理手法会使面的形态产生诸多变化。

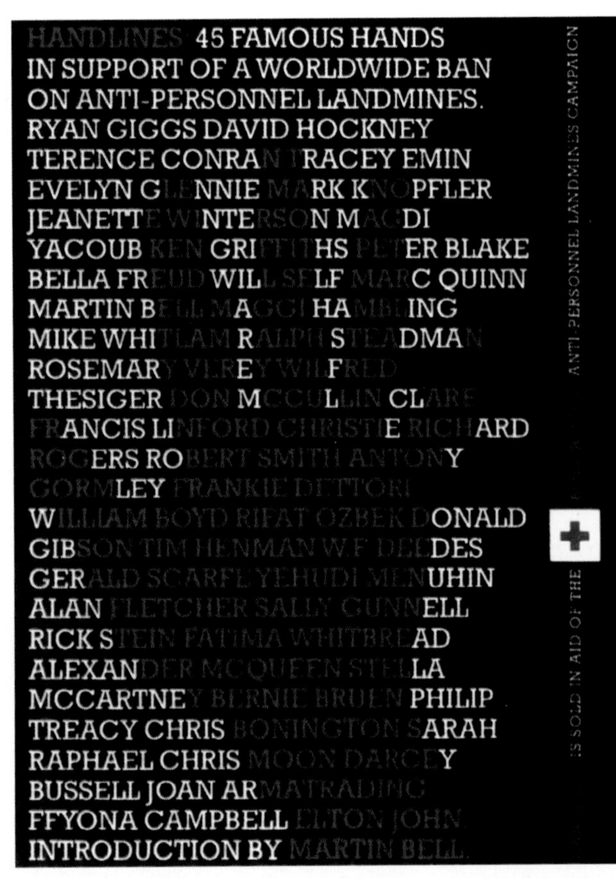

图043 杂志封面设计 用文字排列成面的设计，注意字距和行距的均衡关系，运用文字色彩的变化表现图形，版面统一和谐，又无单调乏味之感

图044 建筑在法国 · 艺术展览海报 卡尔 · 格拉夫（瑞士） 运用倾斜的线条和文字的编排位置，形成一个矩形虚面，塑造出一个三维视觉空间，强有力的版面设计

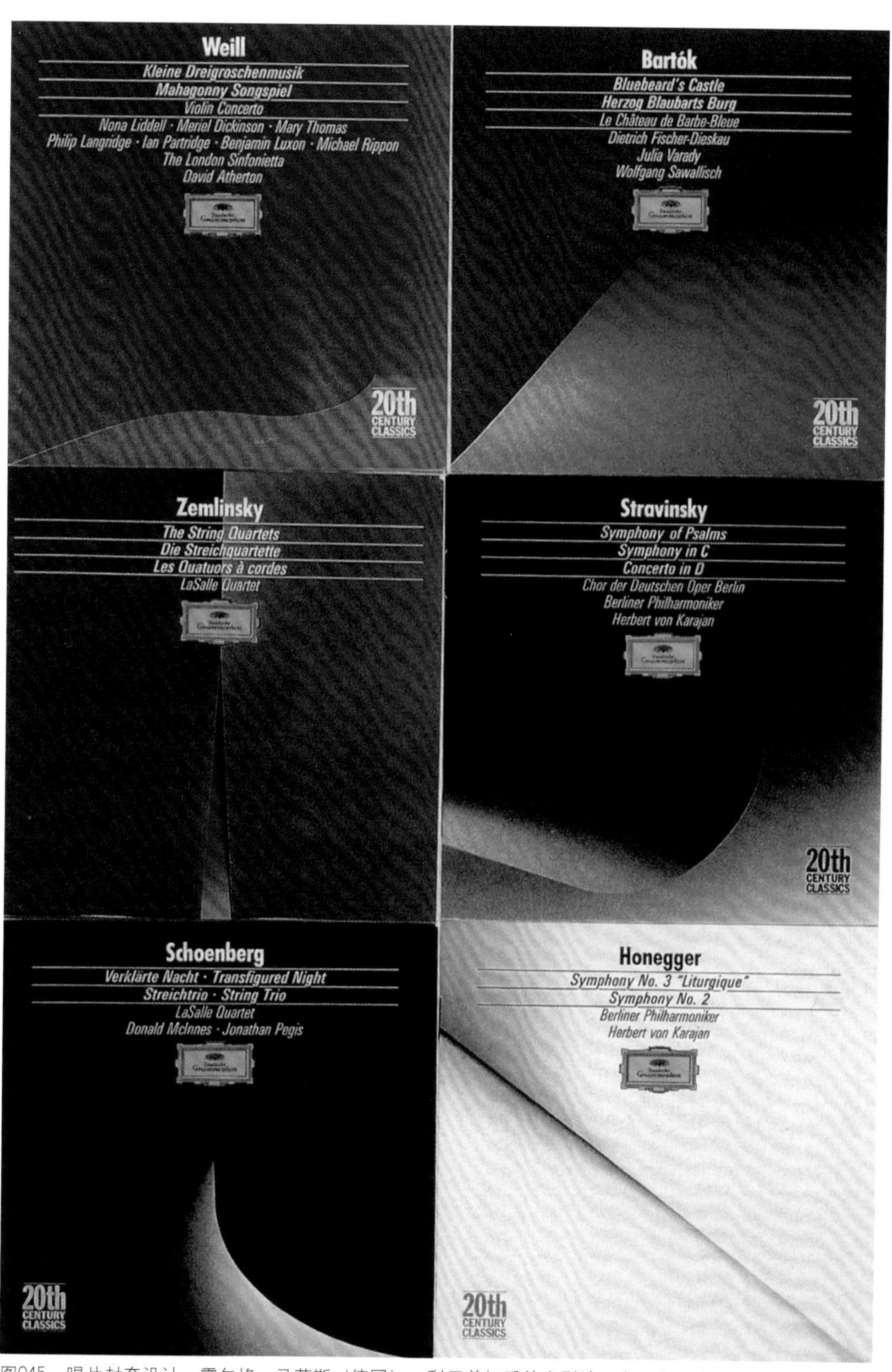

图045 唱片封套设计 霍尔格·马蒂斯（德国） 利用剪切后的光影效果表现出面的三维变化

第二节　构成要素

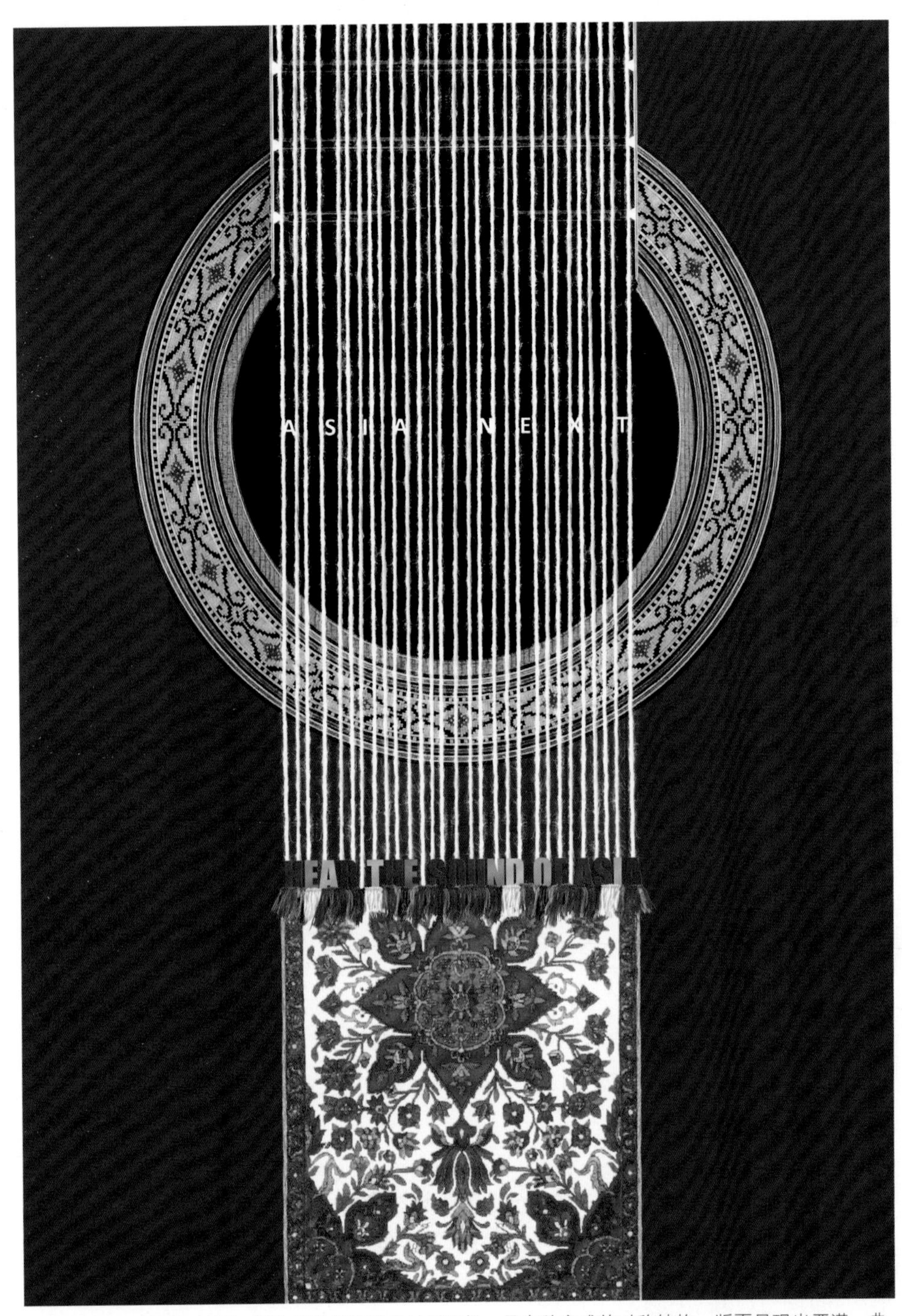

图046　ASIA NEXT 2015亚洲海报前卫实验设计展海报　具有秩序感的对称结构，版面呈现出严谨、典雅、和谐的秩序美

一、结构

如果把文字、图形等视觉要素比作建筑的外观材料，结构就是建筑中的钢筋骨架。它藏在文字和图形之中，支撑和决定着版面的风格，对版式的成败起着决定性作用。所以，在版面设计中，尤其是设计之初，一定注意结构的严谨，做到有始有终、有起有伏。把握好对称、均衡、韵律等结构的形式法则，将文字、图形有序地组织在一起，达成一个视觉整体。

1. 对称

对称是平衡法则的特殊形式，是指事物中相同或相似形式因素之间的绝对均衡组合。对称具有静态的秩序感。往往产生庄严、稳定、高雅、端庄的效果。绝对的对称有时使人感到刻板，可以在对称中求得极小的不对称的灵活变化。

严格的等形量，求满求全是版式设计传统的对称特点，这种形式对现代信息和人的审美有一定的约束，研究当代对称形式的特点，我们不难发现有许多与传统表现手法不同的地方，例如，对称中强调大面积的空白来突出主题；巧妙设计虚空间；更多地使用对称骨骼，局部寻求变化；在大对称中寻求小变化等。

布局的对称或不对称的，将影响视觉元素的放置。对称传达了对折结构镜像本身，以产生平衡布局。不对称传达了加重一侧视觉元素的布局，它比一个对称的布局更具动态感（图046～图048）。

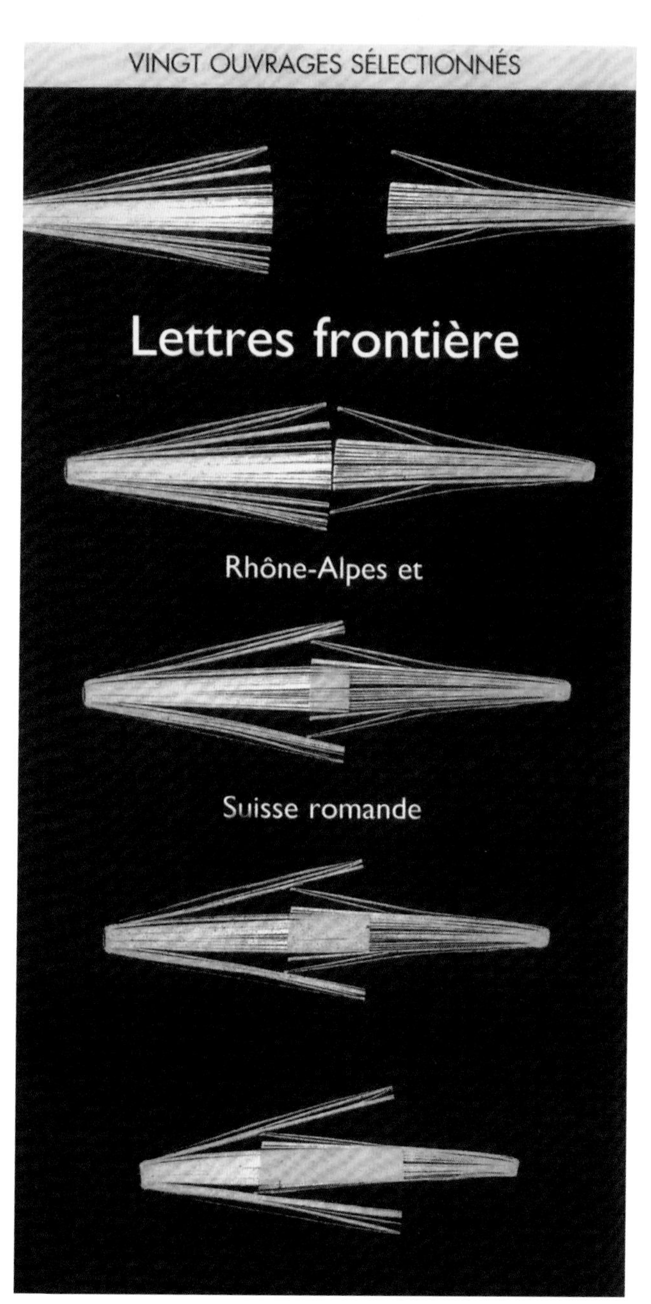

图047　文字边境　法国瑞士书屋　文字和图形沿中心轴对称布局，左右图形寻求变化，并且由上而下做了渐变处理，均衡有韵律感

图048　在对称的框架中利用图形寻求变化，弧线形态的主题文字采用对称编排的风格，人物形象采用不对称

2. 均衡

均衡与对称相比较，均衡是等量不等形，是指各视觉要素之间达到视觉上的量的均等和谐。

在版式设计中，均衡包括面积均衡、色彩均衡、位置均衡、动势均衡。面积均衡：利用版式设计中文字、图形的面积大小获得视觉上的平衡；色彩均衡：是指从色彩面积的大小变化、色彩的冷暖、明度及纯度等方面来考虑色彩均衡，并注重调和色的运用；位置均衡：是指利用版式构成元素的位置营造一种视觉上的平衡；动势均衡：版式中的造型元素如果超出了视觉对动势平衡的忍受限度，就会使画面趋于不稳定、动荡的感觉，设计时要尽量把握这种平衡关系；还有一种情感呼应形式的均衡，它是一种更内在、更含蓄的协调手法（图049～图051）。

图050 服装杂志封面 情感呼应形式的均衡，运用人物形象的特点，将文字布局在人物视线的前下方

图049 平面设计和影视作品档案封面 阿诺德·施瓦兹曼 版面中的两个图形同时具有面积均衡、色彩均衡和动势均衡的特点，在空间上营造出影像的视觉效果

图051 动势均衡的运用，左半部分大面积色块和右半部分的图形，同一色块、面积所体现出的视觉分量不同，但借助强烈的视觉动势完成版面的均衡布局

3. 韵律

韵律原指音乐和诗歌中的起伏和节奏感。有规律的重复产生节奏，而遵循某种秩序性的连续变化，激发人的美感则是韵律。

在版式设计中，韵律可以被分为几种类型：连续韵律、渐变韵律、起伏韵律、交错韵律等。连续韵律：以一种或几种要素连续重复排列、各要素间保持恒定的距离和关系；渐变韵律：要素的某一方面连续地按照一定秩序而变化，如逐渐变大、变密、变宽等；起伏韵律：就像波浪起伏一样，时增时减，时强时弱等，这种韵律活泼有运动感；交错韵律：各组成要素分别按一定规律交织、穿插而成，形成一种多层次、多样式的韵律美。韵律是传统的、理性的审美观念下对美学判断的美的形式，被认为是最理想的“美”的境界（图052～图055）。

图052 版面中的文字运用了方向渐变韵律，文字的倾斜度连续地按照一定规律而变大，这种看似随意的布局，内在有着密切的关联

图053 古典音乐会海报设计 对称构图中的文字呈渐变韵律，优雅安静之感

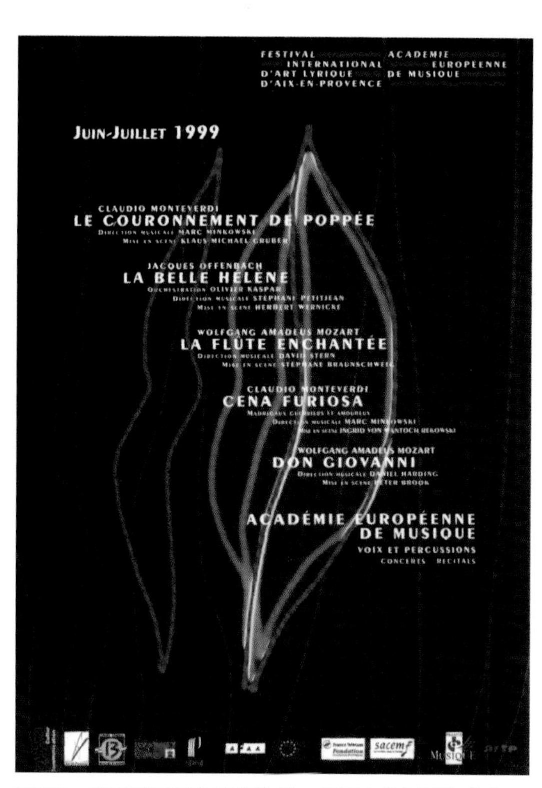

图054 埃克斯国际音乐节海报 版面中的图形和文字运用了方向不同的起伏和连续韵律，组成了多层次的交错韵律，有自由奔放之感

图055 加拿大彩票宣传单 版面中的点线图形运用了连续的韵律，使原本富有起伏节奏感的点线更加优美

二、空间

设计的焦点可以根据主体在页面中所处的位置以及它所包含的空间关系的比例而变化。在版式设计中处理空间比例常用的方法是三分法规则、不等量规则以及留白。

1. 三分法规则

三分法规则是在设计和摄影中用于指导关键元素的定位的组合指南。通过在页面上叠加基本的三乘三网格，在网格线相交处创建积极的“热点”。三分法的规则是图像合成和布局指南，通过在页面上叠加基本的三分之三网格以创建网格线相交的活动“热点”来帮助产生动态结果。在热点上定位关键视觉元素有助于引起对它们的注意并且给组合物赋予偏移平衡，同时引入成比例的间隔以帮助建立美学上令人愉快的平衡。在积极热点中定位关键视觉元素引起对它们的注意，并给予设计产生动态结果的偏移平衡。由于设计的主题占据不同的热点，可以使用留空的热点创建动态张力（图056～图058）。

图056图056　化妆品广告　利用三分法规则布局版面空间，把图形焦点和标题安排在三乘三网格产生的热点上，对角线热点的运用，使版面均衡

2. 不等量规则

不等量规则是在设计多个视觉元素中使用的组合指南，它将设计的主题放置在偶数个周围物体中，从而给出奇数个主要物体。支持对象给予设计平衡并帮助将观众的注意力集中在主要物体上。设计的焦点可以根据对象在版面中的位置而变化。这可以允许实现不同程度的动态或分量上的对比（图059～图061）。

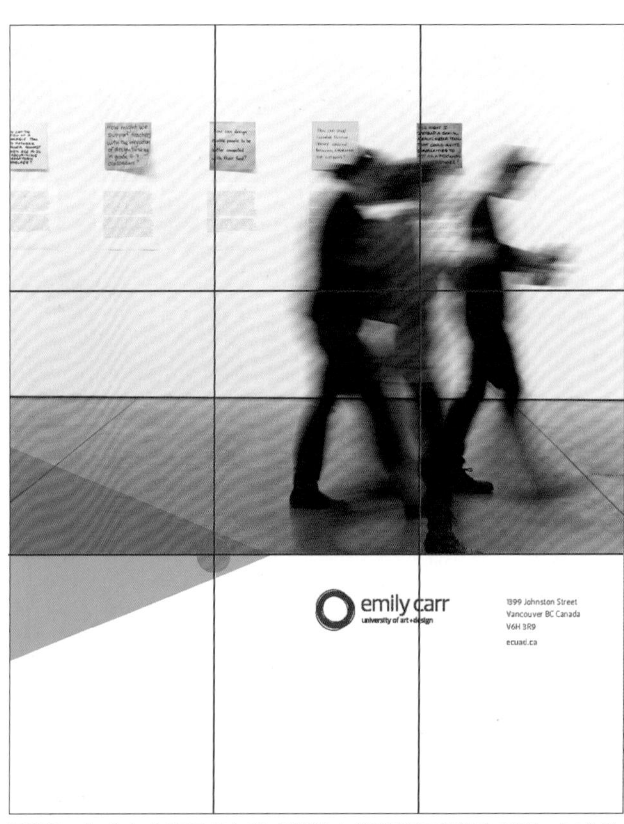

图057　加拿大艾米丽卡尔艺术设计大学2016年度报告封面　三分法对角线热点的运用，使版面动势增强

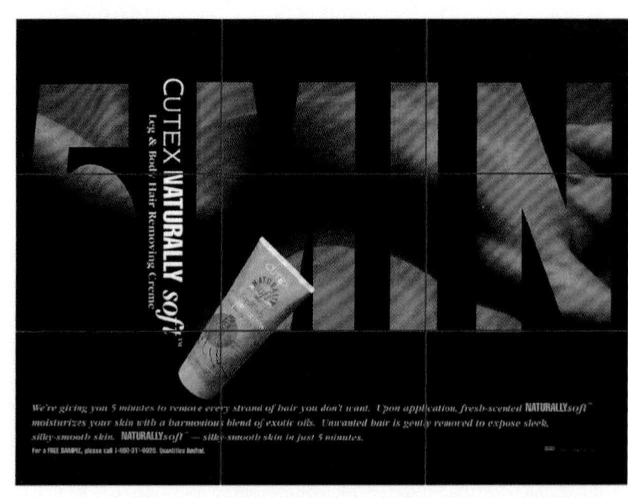

图058　化妆品广告　在三分法的热点上定位产品图片，引起视线关注，并建立令人愉快的偏移平衡

图059 雅诗兰黛化妆品广告 竖排组合，四个小图和一个大图的不等量布局，大图置于版面边缘，左右呼应，自由随意且不失均衡

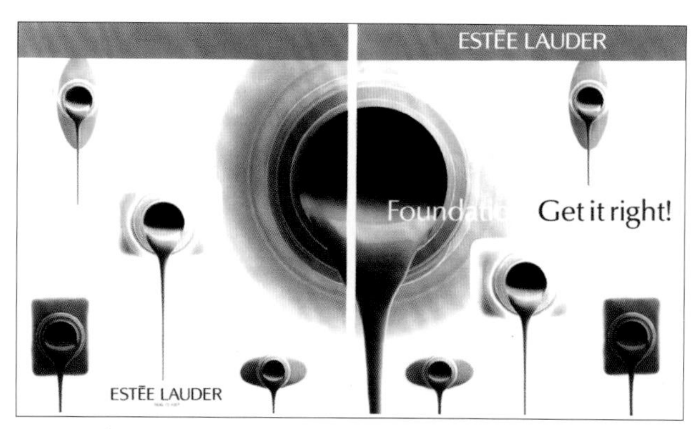

图060 雅诗兰黛化妆品广告 横排组合，八个小图和一个大图的不等量布局，大图置于小图中间，版面稳定，具典雅感

图061 艺术家设计活动海报 贝尼托·卡瓦纳斯（墨西哥） 六个点和一个图形的不等量布局

3. 留白

版面的每个角落都具有其视觉价值，正所谓中国传统美学中的“形得之于形外”“计白当黑，计黑当白”和“有无共生”之说。

空间的虚虚实实相互作用，版面布局时切记不可只顾及实形空间的变化，而忽视了虚形空间。版面中的虚形空间，可以是留白，也可以是细弱的文字、图形或色彩，这要依具体版面而定。为了强调主体，可有意将其他部分削弱为虚，甚至以留白来衬托主体的实，所以，留白是版面处理中一种特殊的手法。版面中的虚实关系为以虚衬实，实由虚托，这种关系已成为版面必然的统一体。

在阅读时，读者一般将兴趣投入到文字和图片上，至于空间的留白，却往往被忽略。但从美学的意义上讲，留白与文字和图片具有同等重要的意义。没有空白，就难以很好地表现文字和图片。

在布局版面时，巧妙得当的留白，是为了更好地烘托主题，渲染气氛，使版面更趋于完美，同时，留白也是设计师设计“悟道”的体现。当然，版面留白量的多少，也需根据所表现的具体内容和空间环境而定。例如，报纸杂志类信息量大读物，留白则少；而休闲抒情类的读物或广告，版面的留白率则高（图062～图068）。

图062　展览海报　贝尼托·卡瓦纳斯（墨西哥）　以虚衬实的留白

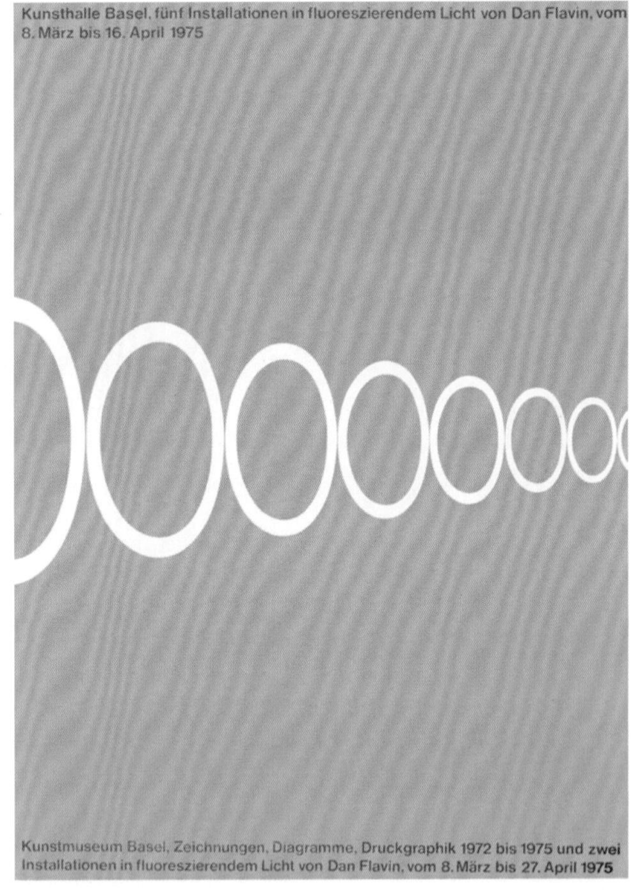

图063　巴塞尔美术馆荧光灯装置展览海报　达恩·弗拉文（瑞士）　版面空间大面积留白处理，烘托了主题，渲染了气氛

图064 莲满·圆满 庆祝澳门回归十五周年海报 车世钦 利用留白空间使主体图形和主题文字突出

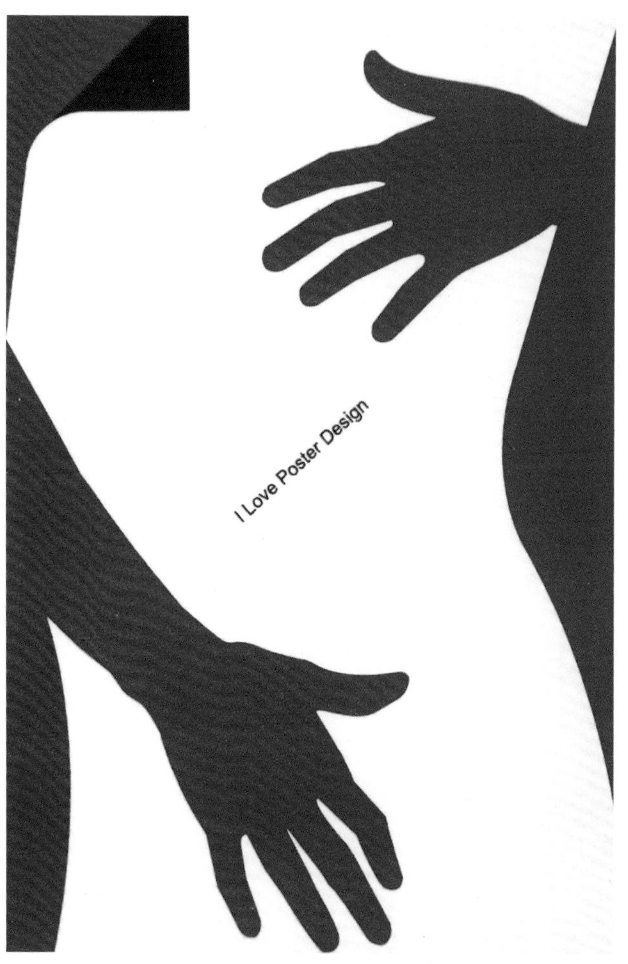

图065 巧妙地运用留白塑造图形，计白当黑，计黑当白，虚实空间相得益彰

图066 艺术展览海报 贝尼托·卡瓦纳斯（墨西哥） 虚实一体，相得益彰的留白

图067 版面下方空间的留白，更好地夸大了图形的透视感

图068 版面下方空间的留白，更好地夸大了图形的透视感

三、层次

层次指的是版面各种要素组织在一起而产生的视觉空间关系，有主次层次、前后层次、远近层次等。设计师需要通过各种手段使版面层次丰富，使视觉要素在一定空间范围里显示最恰当的视觉张力及良好的视觉效果。在二维的版面中塑造或强化三维视觉效果，更好地处理远近层次，可以使版面各要素在视觉上产生纵深感，获得张力；有效地协调版面中的各要素，能使版式更完整、更优美。影响版面层次的原因有很多，如面积、位置、色彩、形状等。

1. 面积与层次

人们对面积大、小比例的认识，因为近大远小的视觉经验，产生距离近、中、远的空间层次感。在设计中，可将主体形象夸大或缩小来建立良好的主次、强弱的层次关系，以增强版面的节奏感和明快感。

2. 位置与层次

版面的上、左、右、下是视觉位置的主次顺序，设计时将重要的信息安排在注目价值高的位置，可以体现内容的层次关系；前后叠压的位置关系所构成的前后层次，产生强节奏的三维层次感；在前后叠压关系或版面上、下、左、右位置关系中做疏密位置编排，所产生的层次富有弹性，同时也产生紧张或舒缓的心理感受。

3. 色彩与层次

无论是彩色系还是无彩色系，色彩本身有其前后层次关系。一般情况下，彩色在无彩色之前，纯度高在纯度低的之前，明度高的在明度低的之前，对比强的在对比弱的之前等。在设计中充分运用色彩的各种前后关系，将非常有效地使层次产生主次感，获得更加丰富、更加统一的视觉效果（图069～图080）。

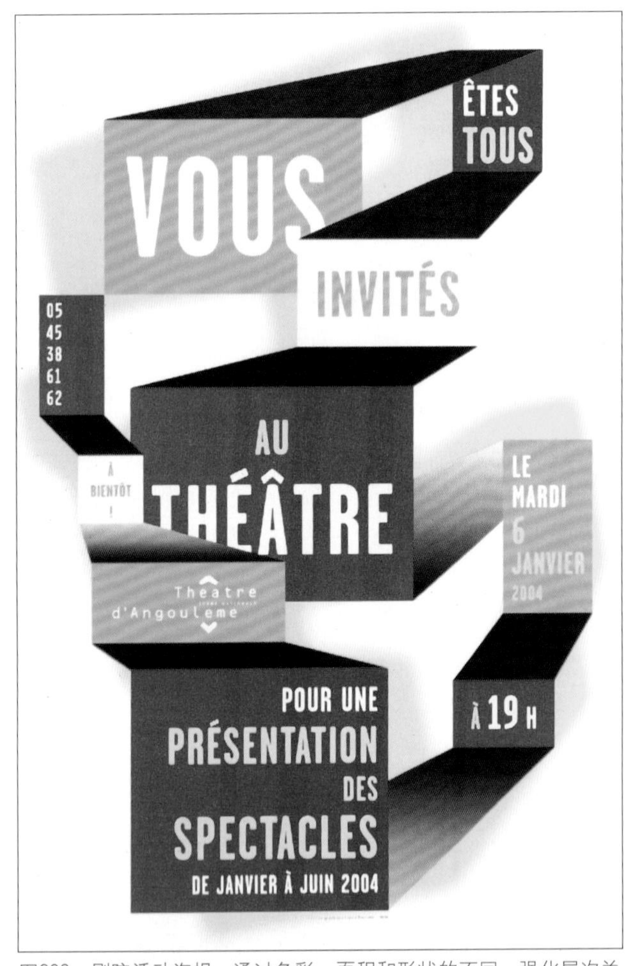

图069　剧院活动海报　通过色彩、面积和形状的不同，强化层次关系，增强版面三维视觉效果

图070　剧院活动海报　通过色彩、面积和形状的不同，强化层次关系，增强版面三维视觉效果

图071　利用黑色衬底将文字和图片分为前后两个层次，塑造版面的空间感

图072　戛纳艺术节获奖作品　巧妙地运用图片的层次特点，将文字嵌入其中，凸显版面文字元素的三维效果

图073、图074两图中，运用色彩的变化和前后叠压关系，取得了层次上的丰富关系。

图073　海报设计　詹姆斯·维德斯托（美国）

图074　海报设计　詹姆斯·维德斯托（美国）

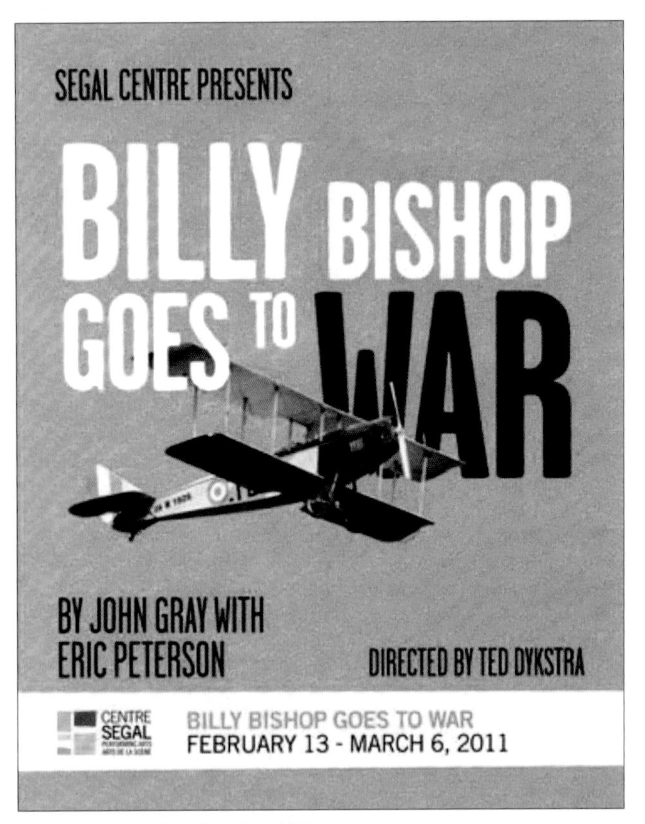

图075 系列化的活动宣传册封面

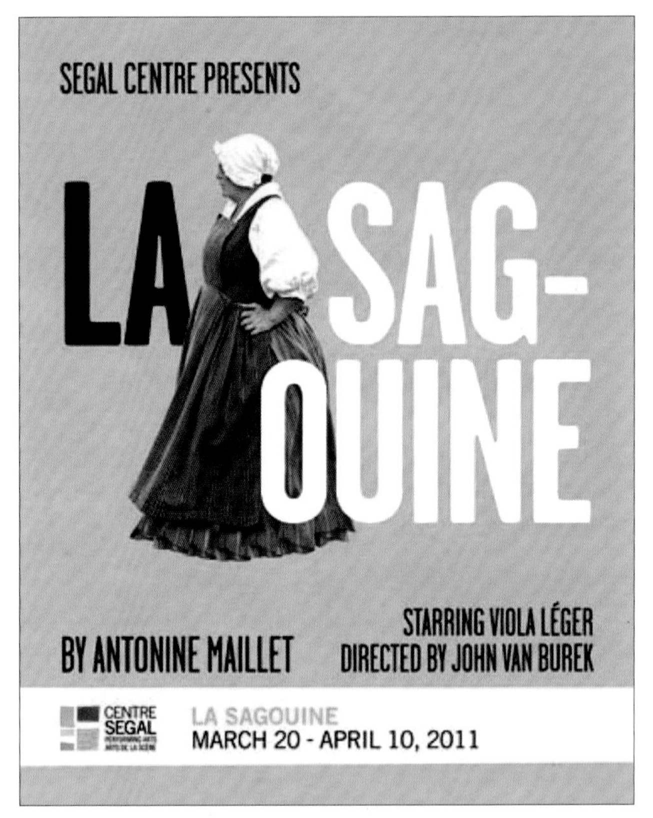

图076 系列化的活动宣传册封面

图077 系列化的活动宣传册封面

图078 系列化的活动宣传册封面

图075～图078这一组图中的主题文字和图形利用前后叠压的方法编排，层次关系丰富，版面饱满整体。

079 蓬皮杜艺术中心音乐空间演出招贴 利用色彩的强烈对比和文字倾斜化编排，强化了版面层次关系

080 第二届反法西斯书籍沙龙海报 利用色彩的强烈对比以及云朵游离出天空界限之外的视觉效果，丰富强化了层次关系

■练习题

通过网络平台或图书馆，广泛收集杂志、报纸、书籍、画册、产品宣传册、挂历、卡片、招贴、包装、网页等平面设计的各个领域的图片资料，了解版式设计在各领域中的运用情况。认识到富有创意的版式设计能体现出一种视觉美感和价值感，好的版式设计可以有助于内容传达的准确性和艺术性。用自己的语言描述图片中文字、图形、色彩、肌理、结构、空间、层次等要素的表现特色。

建议课时：8课时

第二章
版式设计中的文字

第一节 解读文字

图081 英文印刷字体表现的海报设计 运用色彩叠加艺术手法的饰线印刷字体

图082 海报设计中呈现的汉字印刷字体风格，设计师将宋体的横笔画删除，弱化识别性，强化艺术性

一、文字的分类与特征

中国汉字是由象形文字发展而来，其前身就是直观的象形或表意的图形，因此汉字的构成方法是以形象为主，形成形、音、意三者合一的文字，东汉许慎编写的《说文解字》将汉字构造总结归纳为六种规律，即象形、指事、会意、形声、转注、假借，古称“六书”。

以英文为代表的拉丁文字，共由26个字母组成，并有大小写之分。拉丁字母与汉字相比，最大的区别是：拉丁字母字母本身没有含义，需要多个字母的组合产生出不同的字义，其结构较汉字简洁单纯，既适合于形态变化，又适合于排列组合，具有较大的可塑性；而汉字是各自独立的字形，无须组合便能产生一个甚至多个字义。同时，汉字为方块字，高宽统一，而英文字母的字面宽窄和高度不同，字距也无法等分，只能依靠字线来控制。

不管是汉字还是拉丁字母，在艺术设计运用中，都可以归纳为两大类，一类为印刷字体，一类为艺术字体。

印刷字体是指计算机中常备的、适应于出版印刷的字体，大量的印刷字体为设计师提供了方便，设计师根据实际情况的需要进行选择即可。因其使用方便和识别性好等优点，书籍、杂志、报刊类文字以及产品信息类文字等都惯用印刷字体。

艺术字体是设计师根据设计需要，重新对字体进行艺术加工而获得的字体样式，与印刷字体相比，更新颖独特，艺术性突出。常用于品牌名称、广告标语以及各类标题文字中（图081～图083）。

1. 汉字印刷字体

汉字印刷字体主要分宋体、黑体和书法体三大类。

(1) 宋体

宋体是从北宋刻书字体的基础上发展而来，老宋体的笔画特点有“横细竖粗撇如刀，点如水滴捺如帚”之说。在老宋体的基本上，先后又出现了多种宋体，如中宋体、书宋体、新宋体、仿宋体等。它们是在老宋体的基础上简化演变而来，与老宋体的字架结构相同，但横竖粗细比例缩小，装饰角也随之缩小，弧形笔画的弧度较为平直，撇、捺等笔锋也更加尖长秀气。新宋体俊秀大方，使用率很高，多用于书刊报纸的正文编排；仿宋体顾名思义是模仿宋版书的一种字体，其特点是横竖粗细基本相同，字身略长，横划稍向右上方翘起，起、落笔均有顿笔，点、撇、捺、挑、钩的尖峰加长，挺拔秀丽、简明清晰，多用于文艺小品、诗词古文或序言后记等编排。

粗宋体　大宋体
中宋体　书宋体
长宋体　仿宋体

(2) 黑体

黑体又称“方体字”，它的历史并不长，是受西方19世纪初的无饰线体和埃及体影响而产生。其特点是所有笔画粗细基本一致，起笔落笔均为方头，无明显的装饰角。黑体字型结构严谨，端正有力，朴素大方，简洁现代，醒目度高，经常适用于需要强调的标题、广告用语、指示路牌等。和宋体一样，黑体也因粗细不同演化出多种字体，如粗黑体、大黑体、中黑体、细黑体、等线体等，因此也是最常用的一类字体。另外，圆体也是由黑体演变而来，和黑体的区别主要为笔画两端变为圆头。

粗黑体　大黑体
中黑体　黑　体
等线体　细等线

(3) 书法体

书法体为传统书法体的计算机规范字体，常见的有楷体、隶书、行楷体、魏碑体等，笔画依照书法的特点呈现、粗细适中、严谨丰满，适用于书刊、信函等，书法体与宋体和黑体相比，使用范围较窄。

楷体　隶书
行楷体　魏碑体

如今，现代汉字在这三类印刷字体的基础上，衍化出形态各异、纷繁多样的字形，越来越多的字形已被整理成整套的印刷字体，为设计提供了极大的便利。

图083　旧时印迹情调江南　海报设计　张大鲁　书法体文字的运用强化主题，统一版面风格

图084　服装广告　版面中各类文字都使用了经典的罗马饰线体，但主体饰线体文字做了立体化呈现，在统一中塑造艺术装饰性

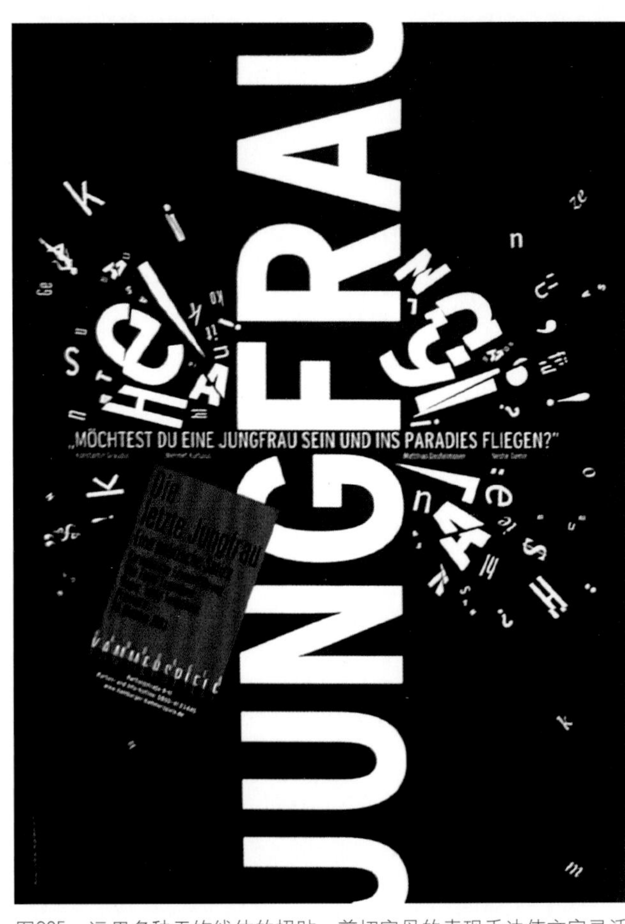

图085　运用多种无饰线体的招贴，剪切字母的表现手法使文字灵活多变，动势强烈，呈现灵活生动的版面布局

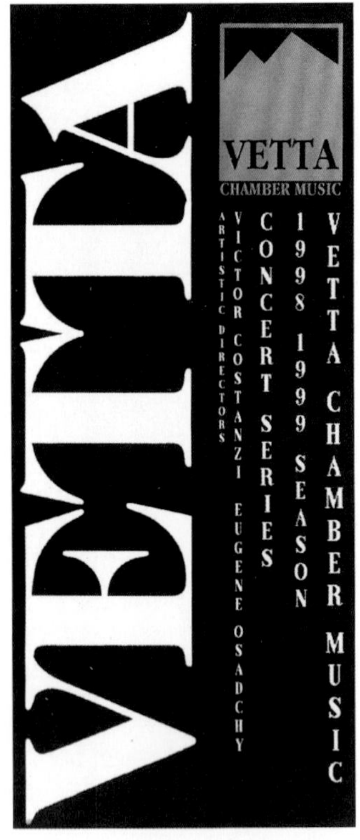

图086　运用饰线体文字的设计，版面简洁、统一明快

图087　运用手写体风格设计的艺术字体组合

图088　运用不同粗细的无饰线体，标题大文字在无饰线体字形的基础上做了艺术处理

2．拉丁文字印刷体

以英文为代表的拉丁文字，其传统印刷体同样分三类：饰线体、无饰线体和手写体。从这三大基本字体中，又派生出其他多种字体。

（1）饰线体

饰线体包括圆饰线体和方饰线体。罗马体是最传统、最典型的圆饰线体，罗马体的字形是横细干粗，有装饰性衬线，类似汉字中的宋体。罗马体形成于15世纪欧洲文艺复兴时期，字脚饰线优美纤细，笔画弧线处理精致饱满，字形典雅舒展。我们现在常用的是新罗马体，新罗马体产生于18世纪，在字体设计上多用机械仪器，重视制图，小弧线运用减少，圆弧形字脚改为工整笔直的线条，字干与字横比例差别也略有拉大，笔画粗细对比强烈，给人以条理感和节奏感。

方饰线体稍晚出现于19世纪初，早期主要运用于巴黎街头广告上，其特征是：笔画线条粗重，字脚饰线呈短棒状，字形沉实坚挺、风格粗犷。由于其短棒状矩形字脚很像埃及神殿固定大柱的柱台，又称“埃及体”。

Times New Roman
GoudyOlSt BT
Bookman Old Style
Adobe Myungjo Std
AmerType Md BT

（2）无饰线体

无饰线体与汉字字体的“黑体”类似，笔画横竖变化小，字体没有任何衬线、字脚的装饰，只剩下字母的骨架，显得简洁朴素，醒目易辩，视觉效果强烈，极具现代感。适用于需要以快速传达为目的的标语、路牌、交通路标、户外广告等方面。

Arial Black
News Gothic Std
Century Gothic
Kabel Bk BT
AvantGarde Md BT

（3）手写体

手写体发展于16～18世纪的欧洲，原本是民间用鹅毛笔快速书写而自然形成的线条流畅的字体。其主要代表为圆手写体，笔画流动欢畅，字形娟秀浪漫，极富艺术气息。适用于卡片、吊牌、书籍等的设计（图084～图088）。

二、字号、字距与行距

1. 字号

字号是表示字体大小的术语。计算机字体的大小，通常采用号数制、点数制和级数的计算。点数制是世界流行计算字体的标准制度，“点”也称磅（P），计算机排版系统，就是用点数制来计算字号大小的，每一点等于0.35毫米。

版式设计的字体分标题字体和正文字体两类。标题字体通常用在标题或正文前的简介中，如作品名称、品名、品牌、广告语等，它是版面中占重要分量的、突出的文字。正文字体用在正文部分，是整个作品信息的主体。一般情况下，标题字体的范围是14磅以上，而正文字体通常在5～12磅之间。不同字体的大小也有不同，笔画粗的或结构饱满的字体较纤细显大，手写体风格的字体因其结构特点略显小，如黑体比楷体略大。其次，同样的字体字号，不同文字因笔画多少和字形差异也有大小区别，所以布局文字需要根据视觉的舒适度来调节（图089～图097）。

版式 DESIGN design 的字号大小(宋体5点)
版式 DESIGN design 的字号大小(宋体5.5点)
版式 DESIGN design 的字号大小(宋体6点)
版式 DESIGN design 的字号大小(宋体6.5点)
版式 DESIGN design 的字号大小(宋体7点)
版式 DESIGN design 的字号大小(宋体7.5点)
版式 DESIGN design 的字号大小(宋体8点)
版式 DESIGN design 的字号大小(宋体8.5点)
版式 DESIGN design 的字号大小(宋体9点)
版式 DESIGN design 的字号大小(宋体9.5点)
版式 DESIGN design 的字号大小(宋体10点)
版式 DESIGN desig 的字号大小(宋体10.5点)
版式 DESIGN desi 的字号大小(宋体11点)
版式 DESIGN de 的字号大小(宋体12点)
版式 DESIGN 的字号大小(宋体13点)
版式design的字号大小(宋体14点)
版式设计的字号大小(楷体14点)
版式设计的字号大小(黑体14点)
版式设计的字号大小(美黑14点)
版式设计的字号大小(大黑14点)
版式设计的字号大小(粗宋14点)

图089　巴黎第十八届诗歌集会招贴　以文字为主的设计，多种字号的文字散点布局，自由、随性、生动的视觉效果

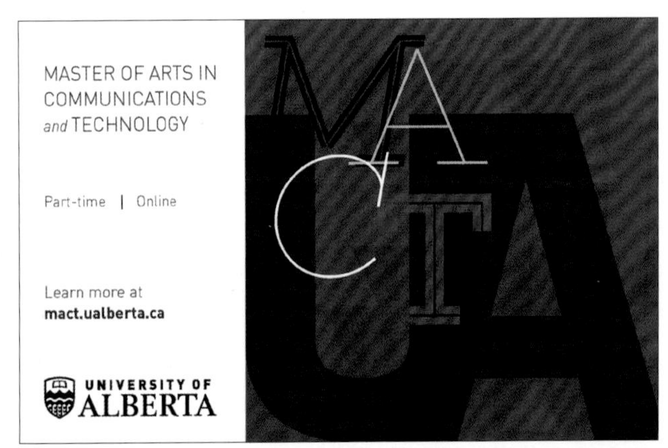

图090　加拿大阿尔伯特大学活动杂志广告　不同字号在杂志广告中的多样性视觉表现

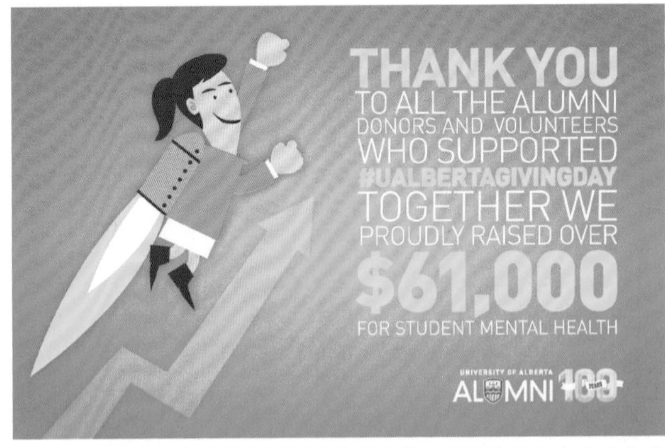

图091　加拿大阿尔伯特大学活动杂志广告　不同字号在杂志广告中的多样性视觉表现

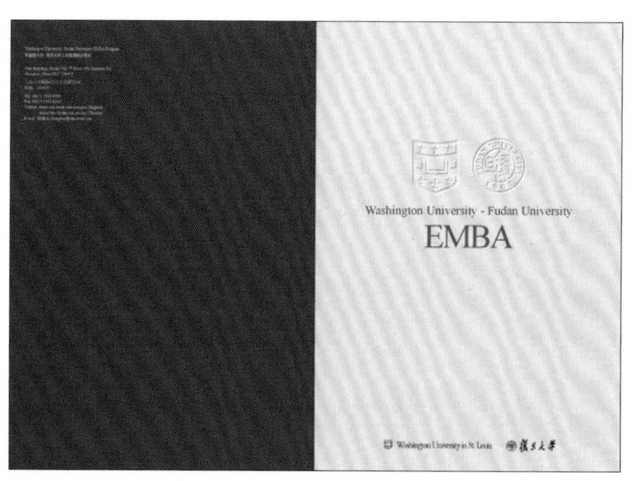

图092　EMBA宣传册

图095　EMBA宣传册

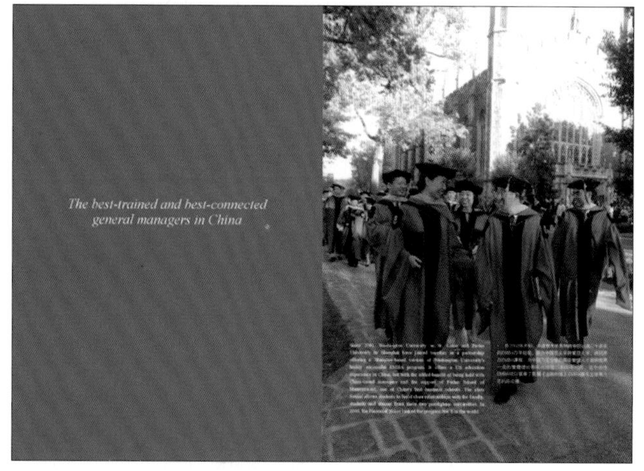

图093　EMBA宣传册

图096　EMBA宣传册

图094　EMBA宣传册

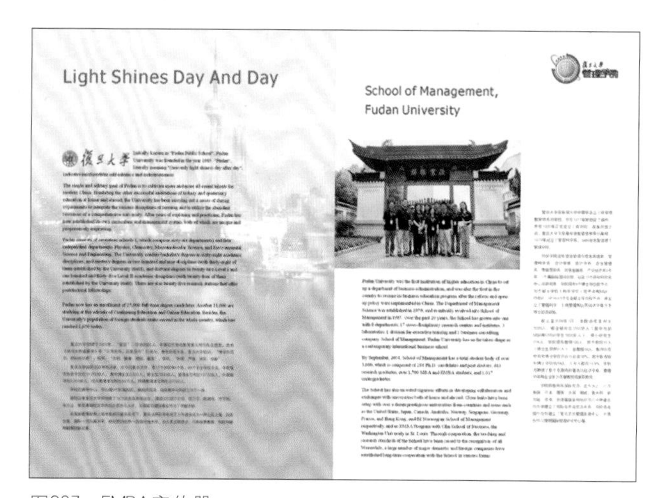

图097　EMBA宣传册

图092～图097是一组EMBA宣传册，和广告设计中的文字相比，宣传册中的字号选择不宜强调多样化和随意性，应注重易读性和统一性。

2. 字距

字距即字与字的间隔。阅读文字时，尤其是标题文字，间隔的疏密会直接影响设计的视觉效果。因为汉字的方块字特征，其间隔基本一致，但在使用拉丁字母的时候，由于大写字母自身存在的形式以及与其他字母结合的方式，字距这个问题就会比较突出。那些有着直线条的字母，如I、N、E和F，比那些圆形线条的字母，如O和Q，或那些有着角度的字母，如A、V、Y和W，需要更多的距离空间。在使用小写字母的时候，这些问题就变得不那么突出，但单个字母间的间距调整还是有必要的，特别是在伴有大写字母的时候。

对于正文的字距，计算机自动生成的间距一般不用修改。软件程序的字体设计师通常会谨慎地进行设置，以使这些不同字体或字母间的间距设置能够在版面上形成很好的观感。我们很难为字距调整设置特定的规则。不过对于正文，有一点是肯定的，如果文字之间过于紧密的话，一定会产生阅读上的困难。相反，如果文字之间的间距过大的话，同样也会产生阅读上的困难。当然，过大间距和过小间距是可以使用在标题和篇幅较少的正文上的，因为有时候需要使用这种表现手法来强调特别的概念（图098～图105）。

图098 版面文字不使用统一的字距，创造自由随意的视觉魅力

图099 啤酒广告，标题文字因对称构图的布局需要，左边字数多使用较小的字距，右边字数少使用较大的字距，通过字距获取均衡

图100　拉大字距以完成标题长度与页面宽度相等的构图需要

图101　缩小字距以适合版面宽度，获得更饱满的艺术效果

图102　拉大字距，运用点转化为线的视觉效果，使版面统一有趣

图103　运用字距的负值而设计的文字组合

图104　运用字距的负值而设计的文字组合

图105　短暂的一刻　戏剧海报　主题文字的字距拉大，配合画面光影的效果，使版面布局更生动、随意、灵活

图106 红色的故乡 芭蕾剧海报 利用多样的行距和字距拉齐文字段落边缘，塑造了一个虚的面，增强了画面的空间层次感

3. 行距

行距指文字行与行的间隔距离。在标题字体中，设计师需要调节行距，而不是只靠默认的行距就可以了。这一点在使用小写字母的时候尤为重要，因为小写字母包含很多的上下延伸，如k和d的上升，p和q的下伸。当标题文字中并列使用了上伸和下伸，这些延伸的笔画会在视觉上交合在一起。

对于标题文字来说，在行距方面没有特定的规则，它的设置来自于经验的积累和视觉平衡的判断。这就是为什么人们会说让你的眼睛作为你的向导，也就是说，每次使用文字的时候，是根据既定情况进行分析的。设计师使用的非正常行距会为整体设计和版式带来整体的视觉新鲜度。

在正文字体上，我们根据版面和内容的需要会进行行距的调整，篇幅过多的正文很少调整行距，篇幅比较少的情况下，加大行距可以塑造更好的版式空间。

行距的把握是设计师对版面的心理感受，也是设计师设计品位的直接体现。对于一些特殊的版面来说，行距的加宽或缩紧，更能体现主题的内涵。另外，字体的高度、尺寸和重量等因素也会影响到行距的设定（图106～图111）。

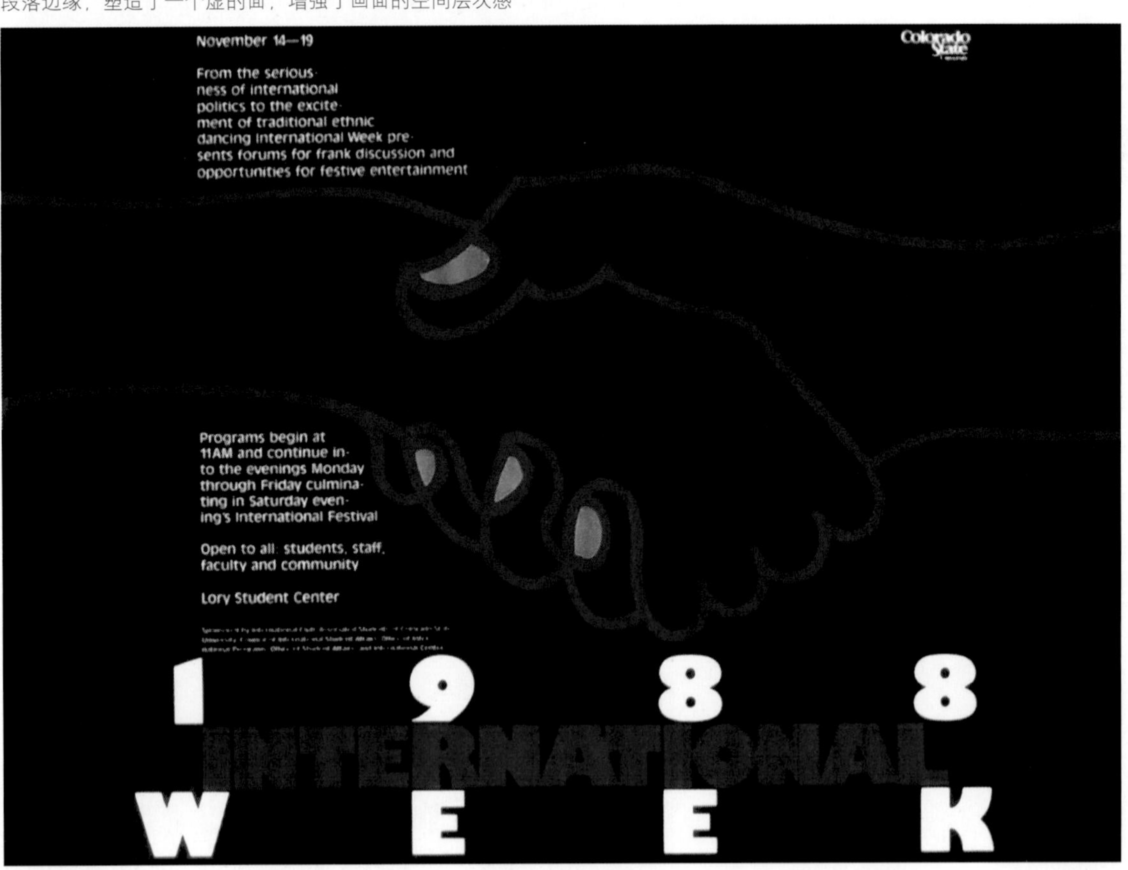

图107 校园活动海报 左侧的正文使用常规行距，下方标题文字变化字距与行距以塑造更好的编排效果

图108　拉大行距的文字，线的视觉感受增强

图110　电子产品广告　正文篇幅不大时，行距拉大可以塑造更好的空间面积

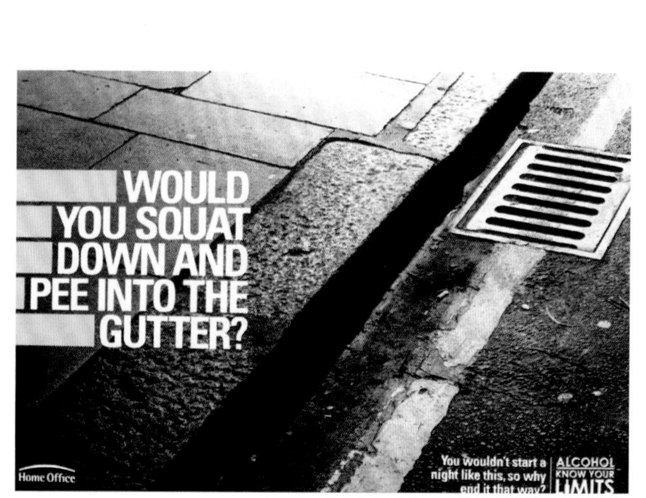

图109　缩小文字行距，文字段落面的感觉突显，空间层次变强

图111　电子产品广告　正文篇幅不大时，行距拉大可以塑造更好的空间面积

三、文字的对齐

文字的对齐是指处于版面中的段落文本中的文字位置以及文字自身的对齐样式。文字在版面中的位置相对于版面空间，可以是左对齐、右对齐、居中对齐、上对齐、下对齐或底端对齐等。

段落文本中的字体自身的对齐样式，横排文字可以是左对齐、右对齐、居中对齐或两端对齐；竖排文字可以是上对齐、下对齐，居中对齐或两端对齐。

在两端对齐版面里，行的左右都进行了校正。为了达到校正效果，也就是达到各行长度相等的效果，文字间的间隔是多样的。由此，也引发了问题的出现，这种版面的效果可能会导致糟糕的文字间隔，形成一条横贯全文的由空白所形成的河流。所以，这种版面效果对于大篇幅正文是极其不利的，应予以避免。

在使用左对齐或右对齐文字的版面中，可以避免两端对齐版面中固有的问题，使用相等的文字间距。很多设计师因为这个原因，而选择这类文字对齐样式。不过它也存在易读性方面的问题，所以，在编排时，应尽量避免短小狭窄的文字行，不然的话，行和行之间的长短差别将是巨大的（图112～图122）。

上对齐，左对齐，不规整的右侧。
此段落采用不规整对齐的上对齐方式。
此外，段落还采用了左对齐，
形成了不规整的右侧边缘。
整体的感觉比较正式，文字编排统一。

下对齐，左对齐，
此段落与页面的底部对齐。
下对齐增加了整个页面的活力。
在处理不规整右侧的文字时，
要格外谨慎，
确保没有文字单独落下。

上对齐，文字居中
此段落居中对齐的方式
阅读会比较不清楚
因为段落间的开头不易找到
通常居中对齐不适合编排正文
但却适合编排标题

上对齐，右对齐
不规整的左侧
此类对齐方式阅读较困难
不适用于编排大篇幅正文
但适合编排篇幅较短的文字

下对齐，两端对齐
两端对齐的方式
让人感觉十分正式
但是在对齐文字时
必须考虑标点符号的处理
边缘不能出现标点符号

图112　对称构图中的文字居中对齐样式

图113　方便阅读的左对齐的横排文字运用

图114　不同位置的文字，使用了不同的对齐样式，巧妙地与图形组合，方向性一致

图115　两组文字都使用了右对齐样式，较大的文字组和图形组合，较小的文字组和页面边缘组合，使版面完整统一

图116　上对齐的竖排文字产生向下的运动趋势与主题人物的视线方向一致化

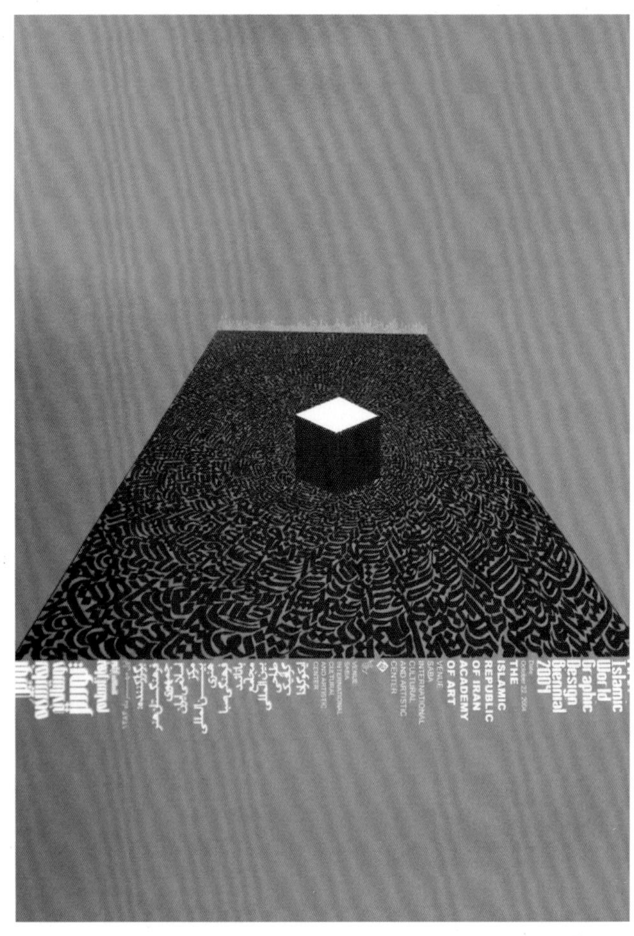

图117　根据空间的透视，近处文字上对齐产生向下的空间延续，远处文字下对齐产生向上的空间延续

图118　利用左右对齐样式把多组文字组合成一个整体，加大字号使参差不齐的左部边缘与图形边缘相互衔接，版面布局紧凑完整

图119　右对齐的文字与页面边缘达成一致

图120　与图中页面边缘一致的文字对齐样式有利于简化版面结构，图文编排高度一致

图121　沿版面边缘左右对齐向内延伸的文字布局，加强图片向内挤压的视觉效果，情感诉求一致

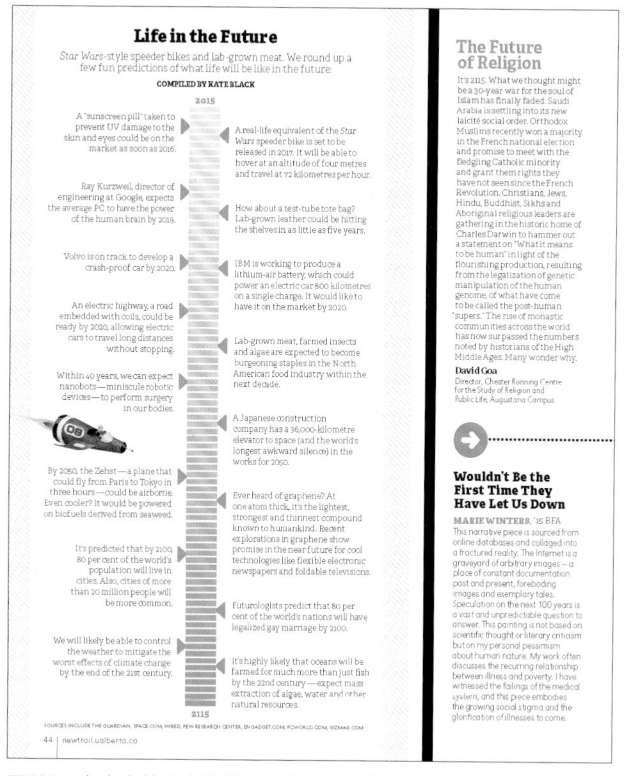

Life in the Future

Star Wars-style speeder bikes and lab-grown meat. We round up a few fun predictions of what life will be like in the future:

COMPILED BY KATE BLACK

2015

A "sunscreen pill" taken to prevent UV damage to the skin and eyes could be on the market as soon as 2016.

A real-life equivalent of the *Star Wars* speeder bike is set to be released in 2017. It will be able to hover at an altitude of four metres and travel at 72 kilometres per hour.

Ray Kurzweil, director of engineering at Google, expects the average PC to have the power of the human brain by 2019.

How about a test-tube tote bag? Lab-grown leather could be hitting the shelves in as little as five years.

Volvo is on track to develop a crash-proof car by 2020.

IBM is working to produce a lithium-air battery, which could power an electric car 800 kilometres on a single charge. It would like to have it on the market by 2020.

An electric highway, a road embedded with coils, could be ready by 2020, allowing electric cars to travel long distances without stopping.

Lab-grown meat, farmed insects and algae are expected to become burgeoning staples in the North American food industry within the next decade.

Within 40 years, we can expect nanobots—miniscule robotic devices—to perform surgery in our bodies.

A Japanese construction company has a 36,000-kilometre elevator to space (and the world's longest awkward silence) in the works for 2050.

By 2050, the Zehst—a plane that could fly from Paris to Tokyo in three hours—could be airborne. Even cooler? It would be powered on biofuels derived from seaweed.

Ever heard of graphene? At one atom thick, it's the lightest, strongest and thinnest compound known to humankind. Recent explorations in graphene show promise in the near future for cool technologies like flexible electronic newspapers and foldable televisions.

It's predicted that by 2100, 80 per cent of the world's population will live in cities. Also, cities of more than 20 million people will be more common.

Futurologists predict that 80 per cent of the world's nations will have legalized gay marriage by 2100.

We will likely be able to control the weather to mitigate the worst effects of climate change by the end of the 21st century.

It's highly likely that oceans will be farmed for much more than just fish by the 22nd century—expect mass extraction of algae, water and other natural resources.

2115

SOURCES INCLUDE THE GUARDIAN, SPACE.COM, WIRED, PEW RESEARCH CENTER, ENGADGET.COM, PCWORLD.COM, GIZMAG.COM

44 | newtrail.ualberta.ca

The Future of Religion

It's 2115. What we thought might be a 30-year war for the soul of Islam has finally faded. Saudi Arabia is settling into its new laicité social order. Orthodox Muslims recently won a majority in the French national election and promise to meet with the fledgling Catholic minority and grant them rights they have not seen since the French Revolution. Christians, Jews, Hindu, Buddhist, Sikhs and Aboriginal religious leaders are gathering in the historic home of Charles Darwin to hammer out a statement on "What it means to be human" in light of the flourishing production, resulting from the legalization of genetic manipulation of the human genome, of what have come to be called the post-human "supers." The rise of monastic communities across the world has now surpassed the numbers noted by historians of the High Middle Ages. Many wonder why.

David Goa
Director, Chester Ronning Centre for the Study of Religion and Public Life, Augustana Campus

Wouldn't Be the First Time They Have Let Us Down

MARIE WINTERS, '15 BFA

This narrative piece is sourced from online databases and collaged into a fractured reality. The Internet is a graveyard of arbitrary images – a place of constant documentation past and present, foreboding images and exemplary tales. Speculation on the next 100 years is a vast and unpredictable question to answer. This painting is not based on scientific thought or literary criticism but on my personal pessimism about human nature. My work often discusses the recurring relationship between illness and poverty. I have witnessed the failings of the medical system, and this piece embodies the growing social stigma and the glorification of illnesses to come.

图122　杂志中的文字编排，文字沿添加的结构线对齐排列

第二节 版式的文字编排

文字在版式设计中，既是语言信息传递的视觉符号，又是塑造版面艺术氛围的形式元素，可以作为语言传递信息，也可以作为图形传递信息。作为语言，文字的首要目的是为了更好地传播客户语言信息；而作为图形时，文字可以根据具体情况弱化易读性，突出艺术性，以塑造更好的视觉效果传播信息。一个成功的版式，首先必须要明确客户的目的，深入研究、推敲其文案的主次、顺序等，然后进行文字的编排。

图123 音乐会海报 约瑟夫·穆勒·布罗克曼（瑞士） 文字篇幅较多的版面，易读性是最为重要的

一、文字编排的原则

1. 易读性

易读性即文字的便于阅读。易读性与字体的尺寸、行宽（行的长度）和行距（行与行之间的距离）这些元素有着千丝万缕的联系。一行最适宜的汉字容量是30～36个之间，拉丁字母容量是60～72个之间。如果超过这一标准的话，将会在阅读下一行时出现视觉疲劳问题。相反，如果一行的文字容量没有达到标准长度的话，那么阅读的连贯性就会被打破，因为阅读者的头部在换行阅读的时候必须上下左右移动。行距是易读性的重要因素，如果行与行之间没有足够的空间，那么将会对阅读形成障碍。如果字体使用重磅或加粗形式，那么行距的增加是必要的。

顺序是保证文字易读性的另一因素，文字本身有其固有的顺序，在编排时不应因为美观而打乱这一顺序。因为有时版面中的其他要素会对文字顺序产生不利影响，如位置和力场等都会影响到文字的阅读顺序。应该合理布局各类文字，确保文字合理有序地传达信息。

不同的设计主题类型对易读性有不同的要求。事实上，内容决定形式，比如说，杂志中的行宽会相对来说短一点，因为读者在大部分情况下只是浏览而不是认真地逐行阅读。同样，必须满足读者需要连贯性阅读的小说和以艺术效果为中心的广告字体的使用规则又是截然不同的。为什么某些出版物，如电话簿、年历、菜谱等，会由于它们特殊的功用性而形成可读性上不同的标准呢？字体尺寸、行宽和行距的选择决定于它的页数。如果页数不多，那么读者也可以接受小于适宜标准的小号字体和狭窄的行距的。

拉丁文字字体的设定和使用还有某些特定的规则。如大篇幅的文章通篇使用大写字母会造成阅读上的困难，因为所有的单词的表现形式都是近似的矩形，他们缺少高度的变化和起伏（图123～图127）。

图124　苏黎世博物馆艺术展览海报（瑞士）　正文易读性使展览信息传达清晰，标题艺术性使版面有更好的审美效果

图126　艺术展览海报（瑞士）　在保证易读性的前提下，变化了文字排列方向，展现出令人愉悦的艺术性

图125　文化活动海报　传达主题信息文字有很强的易读性，以突出艺术性为目的的文字和图形组合，易读性被减弱

图127　艺术展览海报（奥地利）　易读性文字和艺术性文字的组合

2. 统一性

可以选择的字体有很多，这给了设计者很大的创作自由来表现其灵感。但是，在选用字体时，一定要注意多种字体的统一性。各种字体显示着各种不同的风格，设计者在选择字体时，应该尽量多地观察各类字体的文字后，才会充分了解各类字体所表现出来的风格是对比还是统一。我们应该注意选择适当风格的字体，尽量做到大统一小对比，使版面文字既有变化的美又有和谐的美。

在完全掌握了字体的各种变化范围以及在一个设计区域内组合它们的方法后，应该探索使用一组相同的字体，并由此充分了解它们可能产生的创造效果。例如，可以选用同一字体中的粗体字和细体字。粗体字适合用于标题，正文则应该是比较细小的字体。一般来说，同类字体的风格总是和谐一致的，如大标宋、中宋和新宋体等宋体类，它们因笔画特点和结构特点的基本相同而具有统一性，其对比性体现在笔画的粗细变化上。设计师在同一个版面中常选用同类字体中的几种字体。至少，设计师为同一个标题所选用的字体应该是一致的，为同一篇文章所选用的字体也应该是一致的。

统一与对比一直是我们关注的一对矛盾体，设计师往往根据版面的设计内容、诉求目的和艺术效果等元素，选用统一的或对比的字体。对于初学者来说，我们提倡字体运用的统一性，在大的统一性的基础上再尝试对比性。

在同一版面中，为使版面呈现良好的视觉效果，一般建议选用三种以内的字体，这基本保证了大统一小对比的视觉关系。超过三种字体则难以把握，显得杂乱，不易统一，缺乏整体感。要达到版面视觉上的丰富与变化，只需将有限的字体加粗、变细、拉长、压扁，或调整行距的宽窄，或变化字号大小。绝大多数情况下，版面中字体使用越多，统一性越差，整体性也越差（图128～图133）。

图128　酒品牌海报设计（法国）　版面文字统一使用无饰线体

图129　中国美术学院展览海报　中英文字统一使用了无饰线体

图130　版面文字以使用饰线体为主，在表现手法上也都借助肌理效果使版面各元素趋向一致，统一性突出

图132　版面文字统一使用无饰线体，通过和图形的交叉变化增强版面视觉元素的丰富性

图131　版面文字以使用饰线体为主，在表现手法上也都借助肌理效果使版面各元素趋向一致，统一性突出

图133　版面文字以使用统一的无饰线体为主，通过手绘风格的表现语言和色彩的变化增强版面的对比

图134　蓬皮杜艺术中心售票处指示　用多彩的文字叠压排列，形成色彩丰富的文字肌理，展示了文字布局版面的艺术魅力

3. 艺术性

艺术性即文字运用各种形式美原则所体现出的艺术审美价值。作为版式中的视觉要素，文字与图形同样具有艺术性的特征，文字不仅为文字所体现的识别性而存在，还具有符号的艺术装饰性和艺术感染力。不同的字体具有不同的个性，以至于可以说它们实际上具有讲述故事并传达除它们本意之外的作用。有些字体看起来很严肃、很端庄和很保守，而有些是有趣的、冒险的和青春的。艺术性往往更体现出设计的魅力，在文字编排的过程中，艺术性越来越受到重视，它是受众和设计师对于设计作品的更高要求。

在将各种文字编排在一起时，力求新颖、独特。首先要寻求更具艺术创造性的文字布局风格和文字表现风格，其次要注意观者对文字艺术装饰性的审美情趣，最后还应注意不同文字彼此之间的对比和统一，节奏和韵律，呼应和点缀等（[图134～图140）。

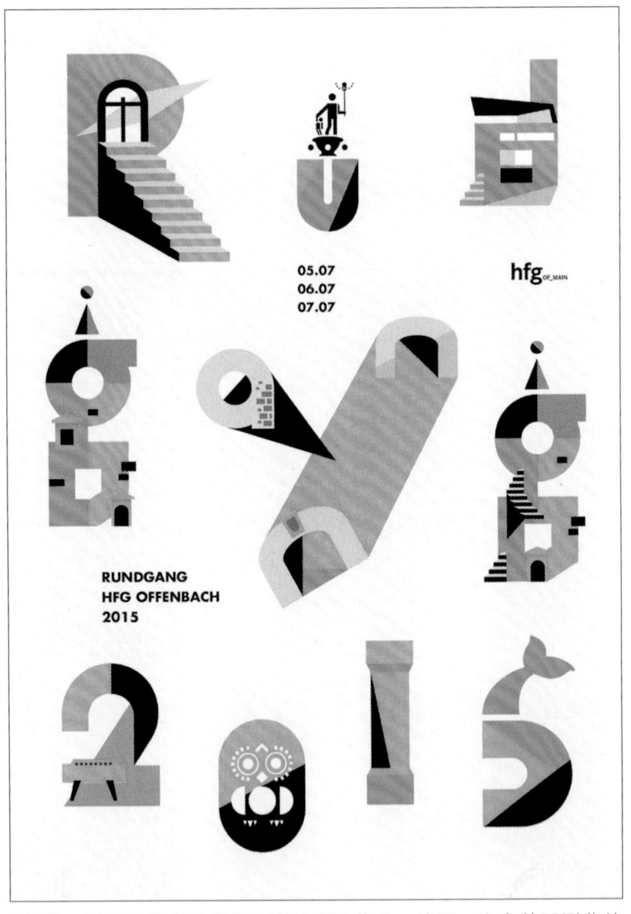

图135　2015亚洲实验海报展字体实验作品　沈图　文字的图形化处理，强化了艺术性

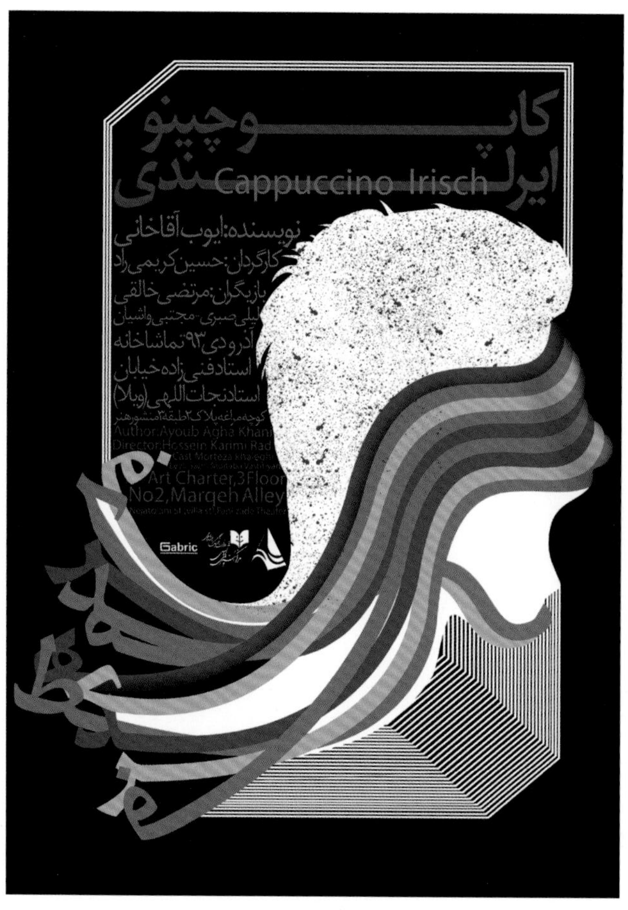

图136 2015亚洲实验海报展作品 具有艺术创造性的文字布局，文字和图形的组合编排巧妙

图137 2015亚洲实验海报展作品 具有艺术创造性的文字布局，文字和图形的组合编排巧妙

图138～图140这组作品中，以文字编排的艺术性展示了艺术设计的魅力。

图138 文字的艺术性设计作品 冈特·兰堡（德国）

图139 文字的艺术性设计作品 冈特·兰堡（德国）

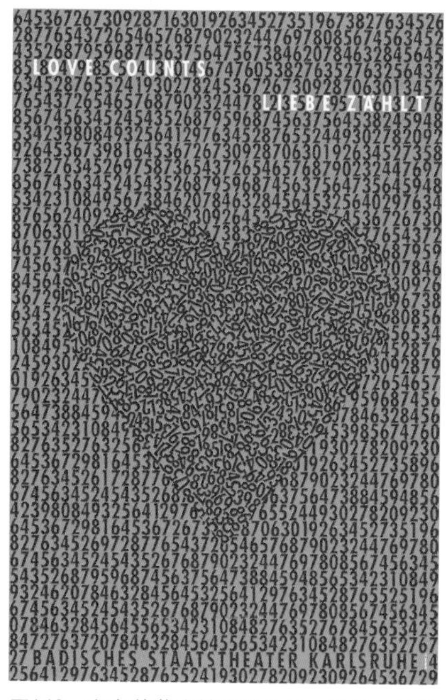

图140 文字的艺术性设计作品 冈特·兰堡（德国）

图141　TAKING A BREAK　2015亚洲实验海报展作品　俞若文

图142　TAKING A BREAK　2015亚洲实验海报展作品　俞若文

在图141、图142中，使用图形空间的疏密对比衬托标题文字“DO SOME THING FOR THE WORLD”，图文相互依托，版面严谨完整。

二、文字编排的方法

1．强调

有意地加强某种文字元素的视觉效果，使其在整体中显得特别出众而夺目，是为强调。这个被强调的元素正是版面中的诉求重点，或者为引起注目的效用。通常为了突出主题而减弱其他要素的配置量，使之产生主与宾的对比关系，宾体越弱则主体越强。

首字强调是将正文的第一个字或词放大，是当今比较流行的设计方法。此技巧的发明溯源于欧洲中世纪时代的文稿抄写员。由于它在文体中起着强调、吸引视线、装饰和活跃版面的显著作用，所以这种技巧被沿用至今。

下坠式是目前行首强调中使用最广泛的手法，即把正文里的第一个字或词放大并与首行上对齐，其下坠幅度应跨越一个完整字行的上下幅度。至于放大的量度，依据其页面大小、文字的多少和所处的环境而定。

DESIGN AND BUSINESS CLASSIC: THE PAPER CLIP

Consider the humble paper clip: It's just a thin piece of steel wire bent into a double-oval shape, but over the past century, no one has invented a better method of holding loose sheets of paper together.

Its invention in 1899 is credited to a Norwegian named Johan Vaaler, who patented the device in Germany because Norway had no patent law at the time. Vaaler did nothing with his invention, however, and a year later a U.S. patent for a paper clip, called the Konaclip, was awarded to Cornelius J. Brosnan of Springfield, Massachusetts. In England, Gem Manufacturing Ltd. quickly followed with the now familiar double-oval shaped Gem clip. Since then, literally zillions of paper clips have been sold.

The common paper clip is a wonder of simplicity and function, so it seems puzzling that it wasn't invented earlier. For centuries, straight pins, string and other materials were used as fasteners, but they punctured or damaged the papers. While the paper clip seems like such an obvious solution, its success had to await the invention of steel wire, which was "elastic" enough to be stretched, bent and twisted. The design was perfected further by rounding the sharp points of the wire so they wouldn't catch, scratch or tear the papers. By 1907, the Gem brand rose to prominence with a "slide on," double-U style paper clip that "will hold securely your letters, documents, or memoranda without perforation or mutilation until you wish to release them."

Although some dispute the originator of the paper clip, Norwegians have proudly embraced their countryman, Johan Vaaler, as the true inventor. During the Nazi occupation of Norway in World War II, Norwegians made the paper clip a symbol of national unity. Prohibited from wearing buttons imprinted with the Norwegian king's initials, they fastened paper clips to their lapels in a show of solidarity and opposition to the occupation. Wearing a paper clip was often reason enough for arrest.

Although colorful plastic materials and new shapes have challenged the double-oval steel-wire paper clip over the years, none has proven superior. The traditional paper clip is the essence of form follows function. After a century, it still works.

图143　正文行首的字母C运用下坠式方法，既强调了正文的开篇，又和版面中的图形建立了形象特点的呼应

在设计中，标题的装饰性强调也很多见，标题放大作为图形或选用具有装饰性的字体，在版面中起到“形象化”“装饰化”作用来获取版面的装饰风格，产生更加丰富的视觉效果。

在进行正文的编排中，我们常会碰到引文，引文概括一个段落、一个章节或全文大意，因此在编排上应给予特殊的位置和空间来强调。引文的编排方式有多种表现，如将其嵌入版面的最佳视域，在字体、字号或色彩上与正文有所区别（图141～图144）。

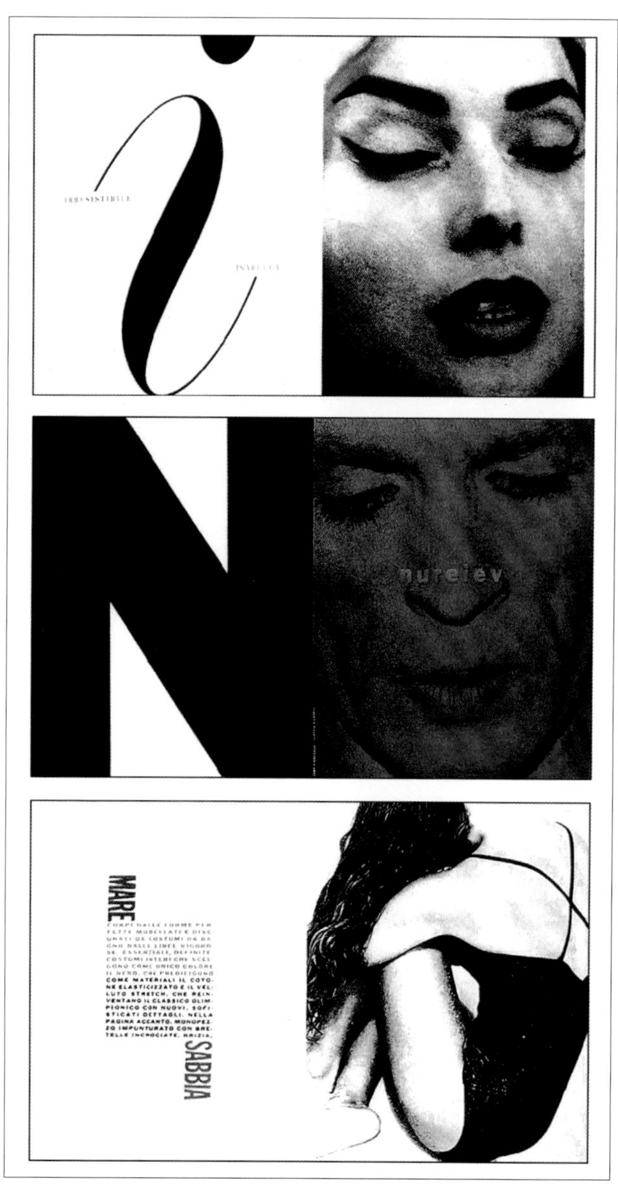

图144　书籍内页设计　运用放大的文字布局整个页面，具有现代设计的时尚感

2. 组合

组合即“化零为整”，是将版面中两个以上的单词、句子以及段落编排成一个相互关联的整体。一般组合的对象是版面中的主副标题与引文等短句。组合是文字艺术性编排的重要方法，大篇幅的正文更讲求阅读的合理性，所以一般不建议运用此方法。多种信息的文案组合成一个整体，可以有效避免空间版面的散乱状态，也使版面的节奏更丰富。

根据文字的主次地位，我们在版面设计时，常常会运用大小不同的文字。在组合这些文字时，首先要确定好层次关系，在保证层次关系清晰的前提下，再进行字体、字号、字距、位置、色彩、肌理等方面的调整，以达到更整体，更统一，更具艺术感染力的版面效果。

常用的组合方法有：

对齐法，即运用文字的各种对齐样式，将两种以上大小不同的文字对齐排列组合。将文字整齐的一侧和版面中的图形、文字、色块或者版面边缘平行靠拢。

嵌入法，将小文字嵌入到大文字的空间当中或替代某一笔画的方法。也指将文字嵌入到图形或图像当中，使其成为一个整体中的一部分。

延伸法，即延伸某一方向进行文字组合，指沿着某一文字笔画或者图形特征的动势方向，进行视觉延伸排列的一种方法（图145～图149）。

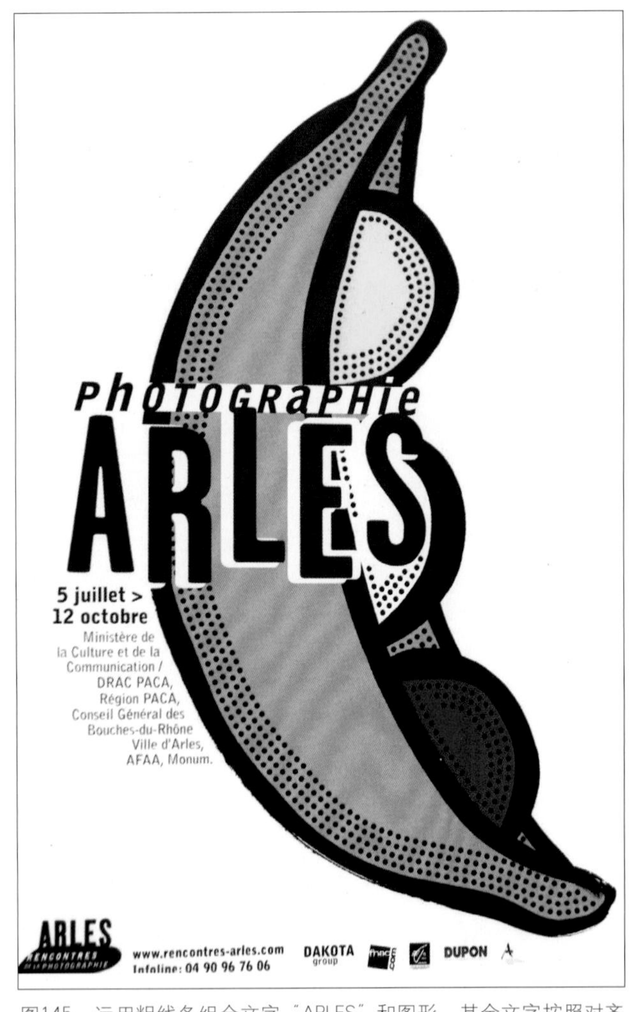

图145　运用粗线条组合文字“ARLES”和图形，其余文字按照对齐法各归其位

图146　对齐法和嵌入法的文字组合，借助了主体文字的垂直笔画对齐排列其余文字，“1926”拉大字距后嵌入主体文字

图147 嵌入法的文字组合，小文字嵌入大文字，替代某一笔画

图149 延伸法的文字组合，突出版面中线构成的视觉效果

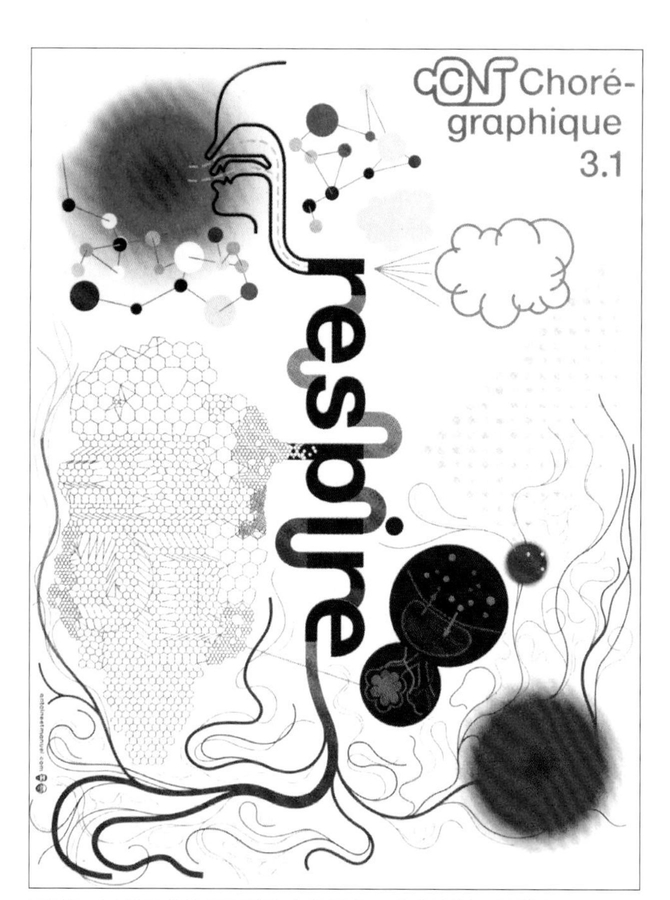

图148 运用延伸法将图形和文字组合，文字被嵌入图形中

3. 叠印

叠印是文字层次化处理的一种方法，常指文字与文字、文字与图像相互重叠的表现手法。这种手法流行于20世纪80年代前后，并沿用至今。文字与图像之间或文字之间在经过叠印后会产生强烈的空间感、跳跃感、透明感、杂音感和叙事感，并成为版面最活跃、最注目的元素。这种叠印手法影响易读性，但能产生版面独特的视觉效果。不追求易读性，而刻意追求“杂音”表现的手法，是一种艺术思潮的表现，具有现代感的特征。

文字在编排上的疏密节奏，可以体现出多种情绪。文字大，叠印密，情绪紧张而激烈，节奏感强；文字小，叠印疏散，轻柔而抒情，节奏感弱。进行编排时，要谨慎运用文字叠印的设计手法，力求更贴切和完美地表现主题，使版面更具艺术的感染力（图150～图155）。

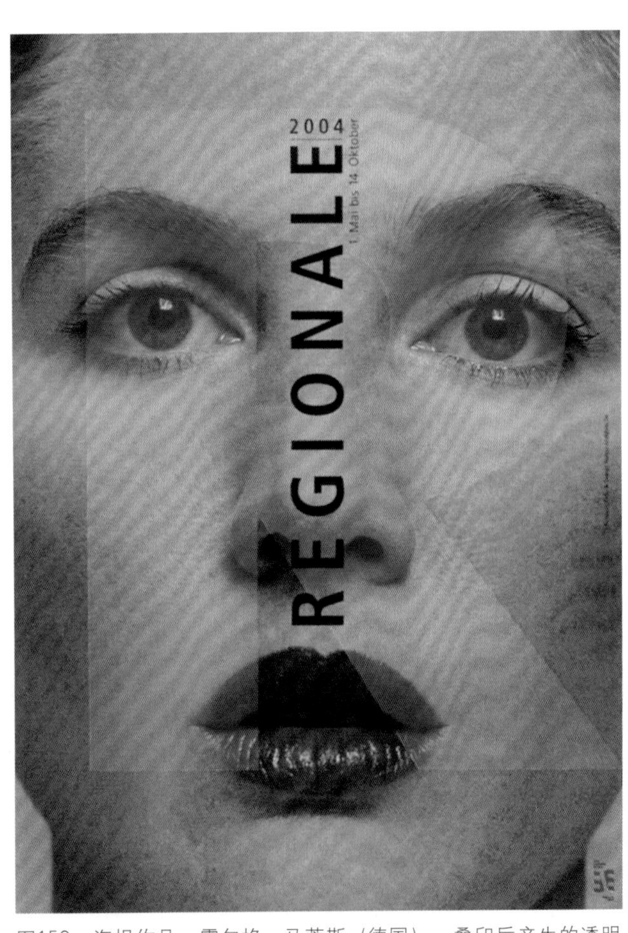

图150 海报作品 霍尔格·马蒂斯（德国） 叠印后产生的透明感，使图片中的人物形象更有艺术魅力

图151 电影节海报 叠印后产生跳跃感、叙事感和空间感

图152 电影节海报 叠印后产生跳跃感、叙事感和空间感

图154 利用叠印加大版面的疏密对比，肌理的运用更使叠加增强了版面的杂音感

图153 运用文字的镂空负形叠印，塑造了空间感，并统一了图形和文字的关系

图155 叠印后的文字产生了丰富的层次感，这种堆积叠印的肌理效果，自由、随意，具有装饰性

4. 图形化

从广义上讲，文字也是一种图形符号，当文字作为图形元素出现在版面上时，可以通过各种不同的创作手法和构成方式加以重新组合，如重叠、意象构成、字体变形、实物联想等，从而在视觉上产生图形效果，在信息的传达上更具简洁性、趣味性。

文字图形化是一件轻松而有趣的工作。这个工作是将原本整齐排列的文本转变成某种形状，一定程度上达到便于阅读、提示和娱乐读者的效果，同时也将文本形式从传统的固定模式中解放出来。你可以把文字设计成规则的几何形状，也可以将其设计成某种不规则的形状，将文字排列成线，并通过线来勾勒出一个特定的轮廓，或者环绕在图形的周围，形成某种轮廓，自己构成一个图形。还可以将文字设计成与内容相关的具体物体的形状，从而把文字、图形和整体版面设计融为一体，通过更加直接、具有装饰性的方式表现出内容和主题。如鞋子、葡萄酒杯、瓶子、头颅、身体、动物、鸟、鱼、树，甚至是整个城镇风光。这种能吸引眼球的技巧要求你具有极富创造性的敏锐感觉和幽默感（图156～图160）。

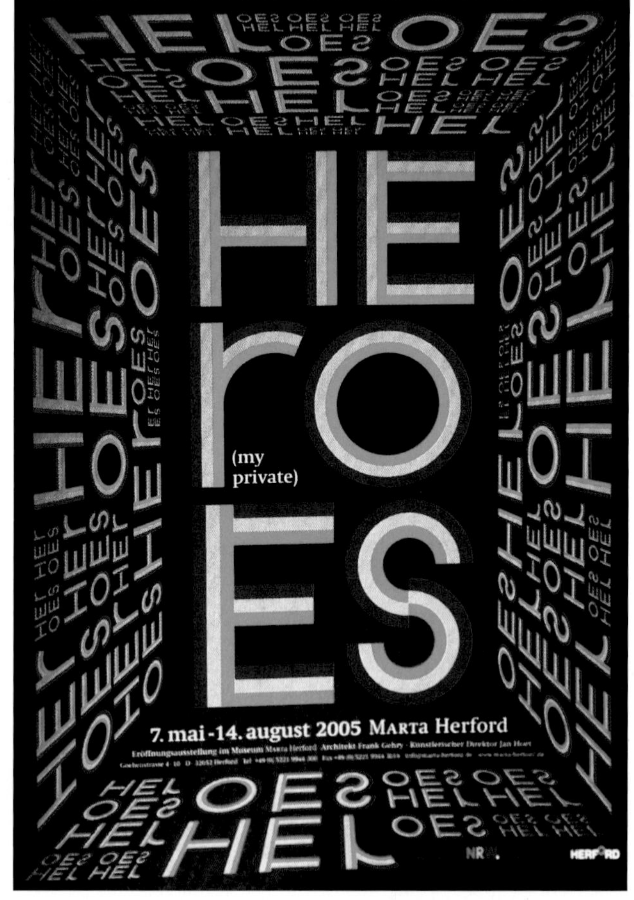

图157 利用透视原理，将文字排列成一个三维效果的空间

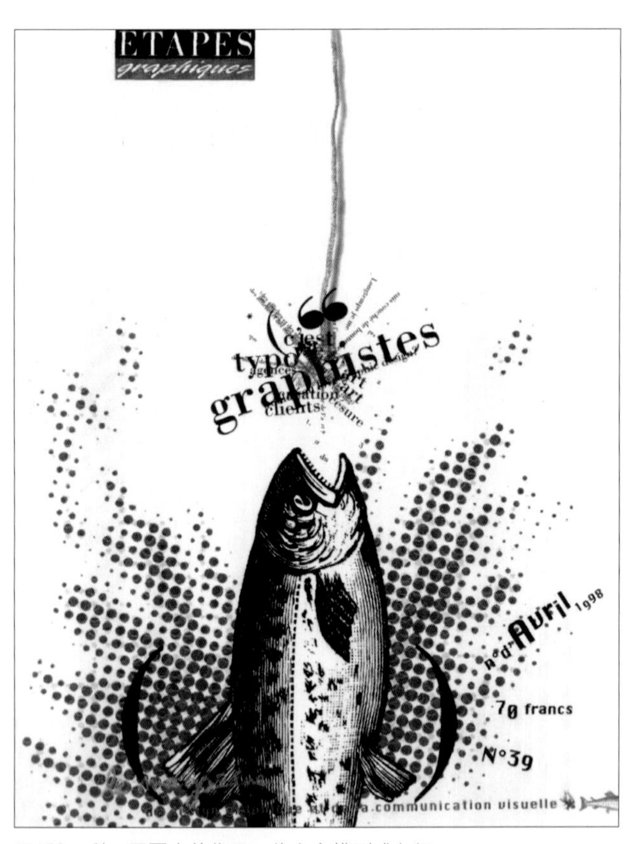

图156 利用画面中的位置，将文字排列成鱼饵

图158 公益海报 将文字排列成三角形，与图形完美组合

图159 改变文字行与行之间的水平方向，将文字与摄影图像组合

图160 将文字排列成图形的一部分，替代图形并传递文字信息

■练习题

以文字为主要视觉元素，结合点线面元素或抽象图形完成版面布局，注意突出图形和文字的统一性和艺术性，尝试新颖独特、别具特色的版式风格。

建议课时：8课时

作业范例：图161～图166

图161　剧院海报设计作品　冈特·兰堡（德国）

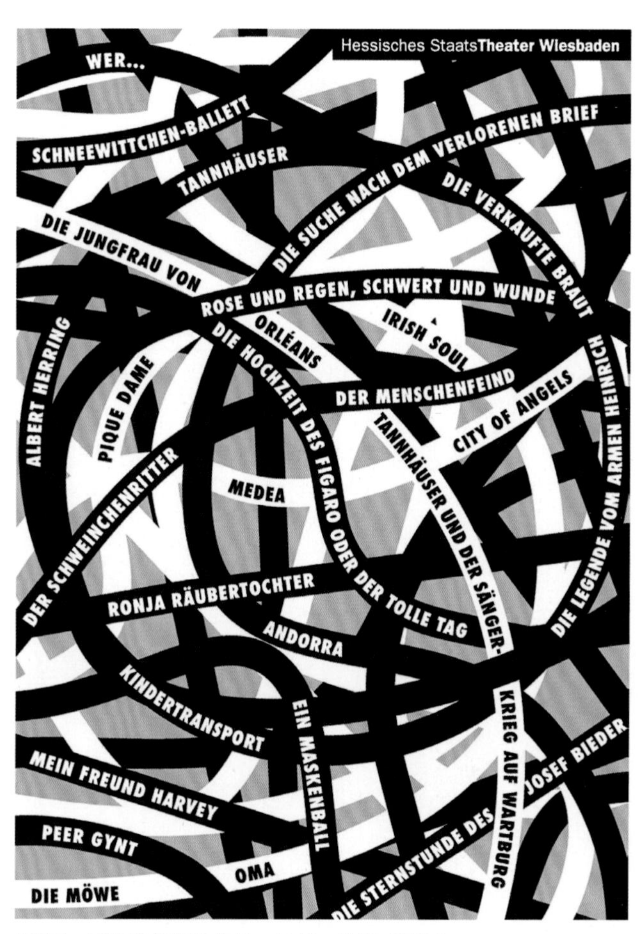

图162　剧院海报设计作品　冈特·兰堡（德国）

图163　剧院海报设计作品　冈特·兰堡（德国）

图165　剧院海报设计作品　冈特·兰堡（德国）

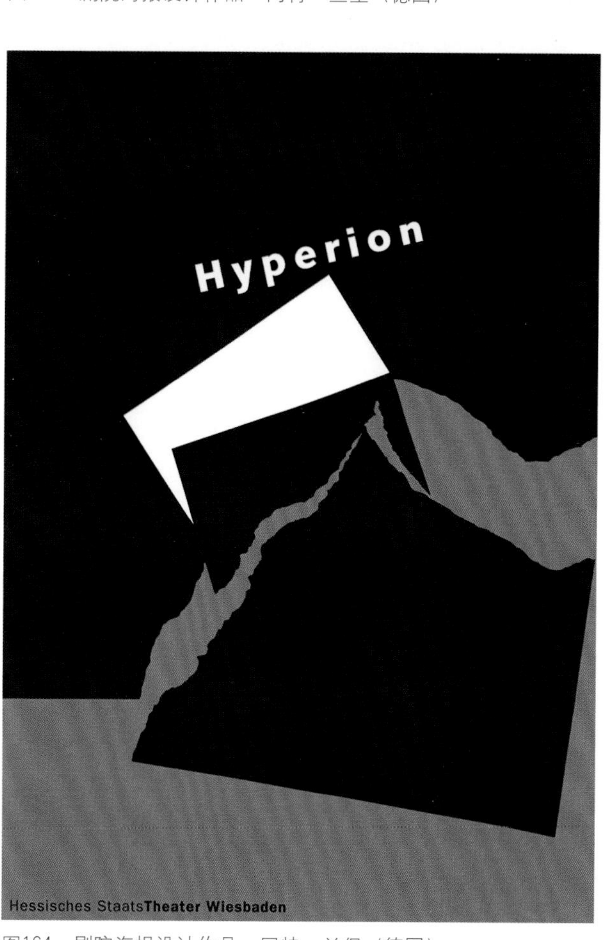

图164　剧院海报设计作品　冈特·兰堡（德国）

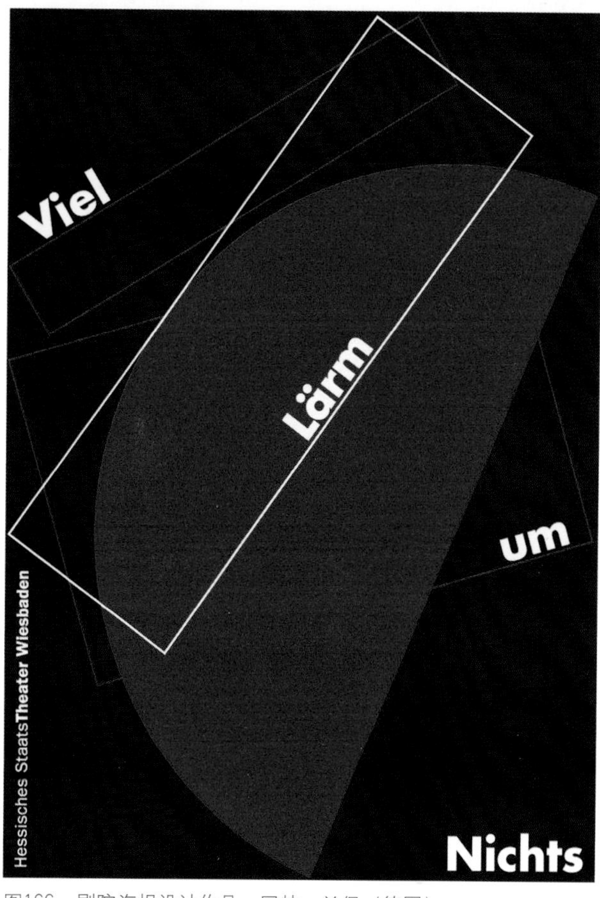

图166　剧院海报设计作品　冈特·兰堡（德国）

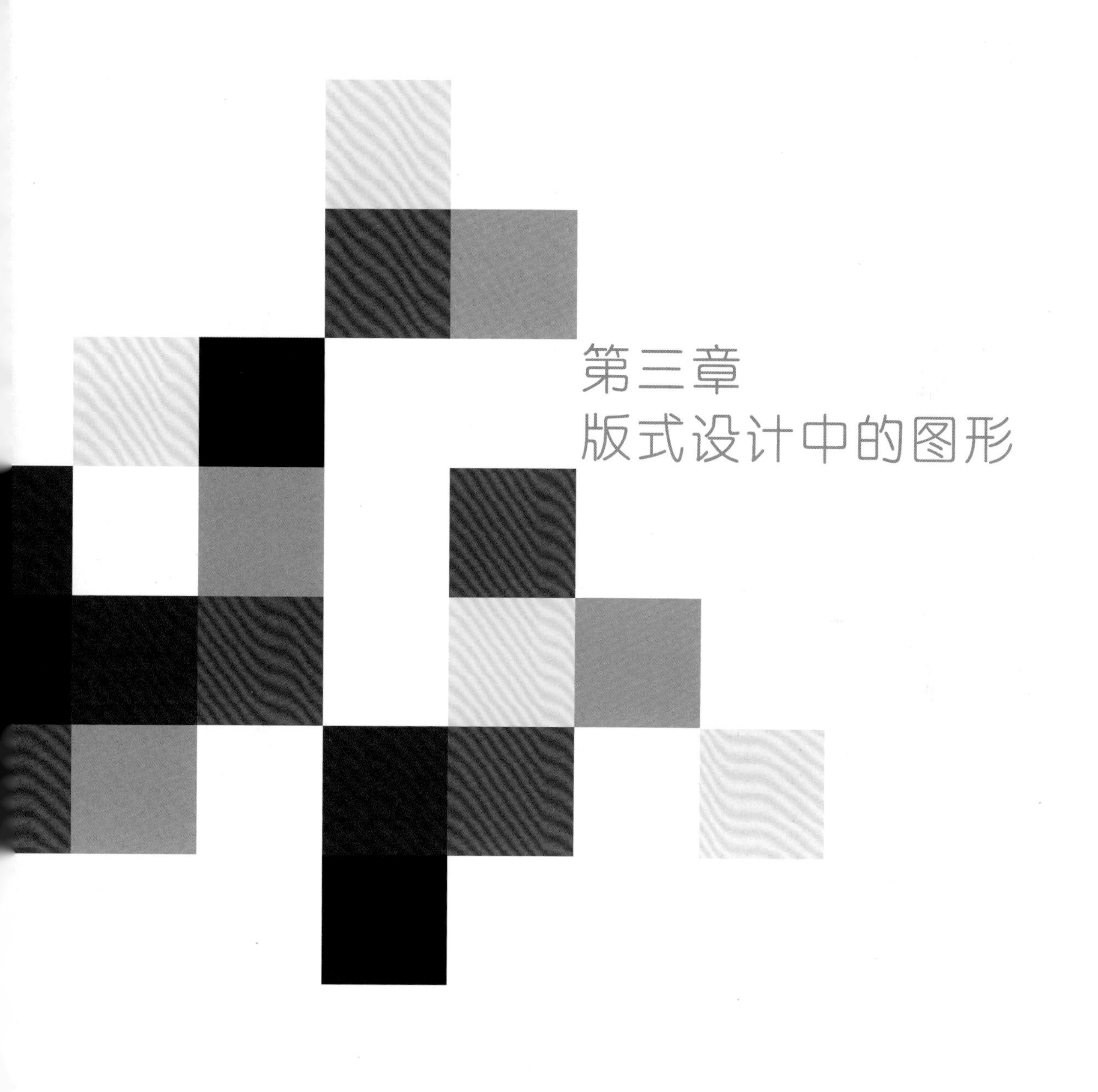

第三章
版式设计中的图形

第一节 解读图形

图167 戏剧海报 霍尔格·马蒂斯（德国） 具象摄影图形的创意组合，视觉效果真实鲜明动人，艺术感染力强，具象的摄影图形在计算机绘图软件中通常以点阵图形的格式呈现

图形在版面设计中占有非常重要的地位，据统计，图形的视觉冲击力比文字要强85%，这说明图形在视觉传达上比文字更易于理解，使听起来平淡乏味的事物变成强有力的诉求性画面，充满创造性与趣味感，从而促使版面产生更为真实、立体的效果。图形作为一种不分国界的世界性语言，正逐渐成为人们传递与获取信息的主导方式之一。

一、图形的类别

1.抽象图形和具象图形

版式中的图形，可以分抽象图形和具象图形两类。抽象图形主要指的是几何图形，包括点、线、面及其复杂的组合图形，在版式设计中，常表现为符号、标志、图标以及高度简化的主题图形；具象图形指的是以写实手法呈现的图形，主要指绘画和摄影呈现的图形，并且多呈现为图片形式。

抽象图形试图去除某些东西的元素或细节，以便突出它的基本特征。使用三个基本几何形状传达现代感的包豪斯主义，承诺完全抽象的构成主义，以及拒绝精心装饰的现代主义，使抽象图形得以被广泛地关注和运用。抽象设计传达关键信息的简洁方式，可能意味着它们非常高效。然而，它们降低了目视参考的领域，这有可能会阻碍理解，使它们难以解释。

抽象图形和具象图形往往是相对而言的。具象图形的摄影作品给人感觉真实可信，鲜明动人，具有较强的感染力和说服力，因此它们更能打动人心，更容易引起读者的共鸣。另外，一些具有超现实风格的绘画作品，其逼真的画面效果也同样有着感人的魅力。图形能够非常快捷地传达想法或许多信息，这就是为什么图形是版式设计的突出部分。因此，图形被广泛应用于现代广告、产品说明、书刊杂志等领域的版面设计中（图167～图169）。

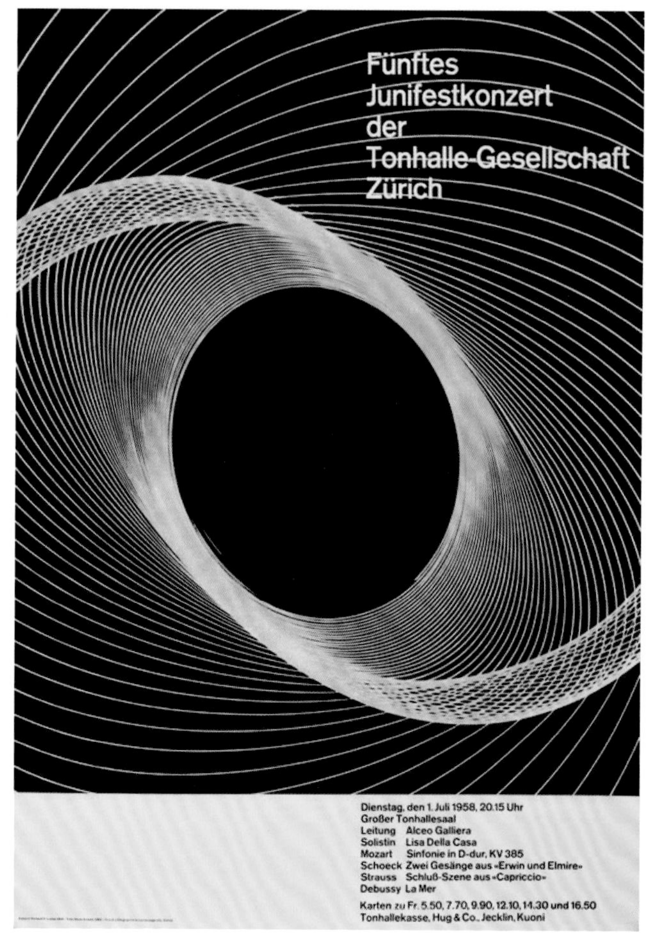

图168　音乐节海报　理查德·洛斯（瑞士）　这是出现于1958年的抽象设计，运用几何的线的构成，表现出了音乐的魅力，在版面的图形设计中，这是出现较早的抽象几何图形案例

图169　城市的休闲空间—娱乐海报　HM.埃格曼（瑞士）　几何平面化的抽象图形，形象简洁明快，出现于1976年，在平面设计以具象图形为主的时代，抽象图形的出现让人眼前一亮。抽象图形在计算机绘图软件中通常以矢量图形的格式呈现

2.位图图形和矢量图形

位图图形和矢量图形是计算机绘图文件的两大类别，了解它们的特色和差异，有助于创建、输入、输出、编辑和应用数字图形。位图图形和矢量图形没有好坏之分，只是成像原理不同而已。在通常情况下，矢量图形可以转换为位图图形，但位图图形不能转换矢量图形。

位图，也叫做点阵图、删格图、像素图，简单来说，就是最小单位由像素构成的图，缩放会失真。常见的位图文件格式是PSD、JPG、TIF等。矢量图，也叫做向量图，采用线条和填充的方式，可以随意改变形状和填充颜色，无论放大或缩小都不会失真。常见的矢量图文件格式是CDR、AI等。

无论是位图还是矢量图，都是计算机呈现的数码图形，一般来说，抽象图形多使用矢量图格式表现，具象图形多使用位图格式表现。

图片、图形和图像没有从属关系，说的都是图，只是略有区别而已，图形重在形，如几何形、人形、物形等，常指抽象平面类的图。图像重在像，如人像、物象、景象等，常指具象写实类的图。而图片重在指保留背景的图形或图像，它们都是图，只是人们习惯上描述的侧重点有所不同而已。本教材为了阐述简洁方便，在章节划分时，用图形来统称了图形、图像和图片（图170～图175）。

图170　具有平面感的抽象人物形象图形，多使用矢量图形软件绘制和编辑

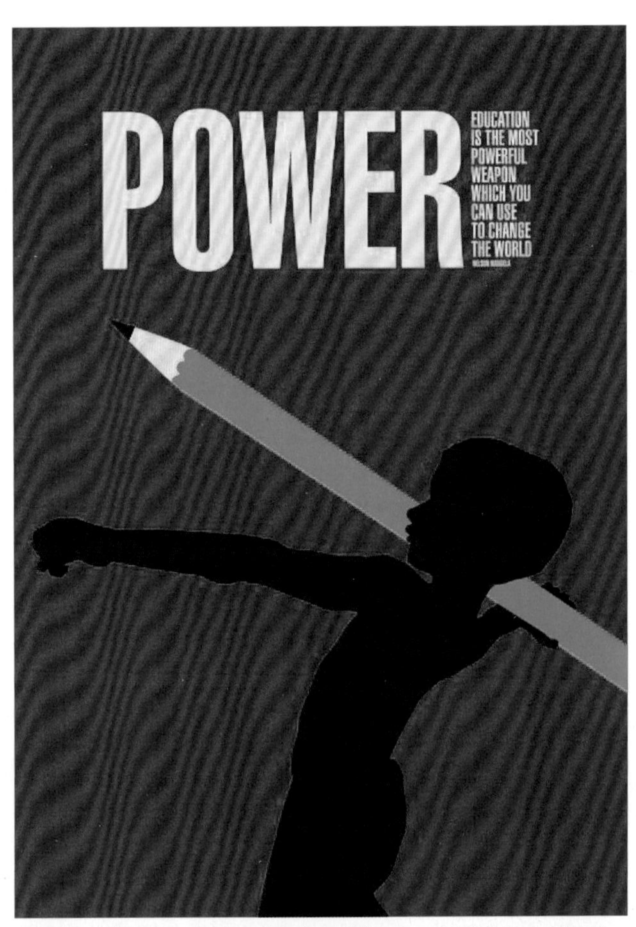

图171　社会海报　约西·莱梅尔（以色列）　平面化的矢量图形，传达简约有力

图172　设计展览海报　约西·莱梅尔（以色列）　运用设计师本人的摄影图片，配以透视感的文字，突出空间感，视觉感受力强烈

图173　经过计算机位图软件处理的摄影图像，具有肌理效果的图形通常是以位图格式表现，它们很难使用矢量图形的软件来绘制或编辑

图174　经过计算机位图软件处理的摄影图像

图175　商业广告中多运用具有真实感的摄影图像，为方便版面编排或追求图像的纯粹化，常将图像退去周围多余的部分

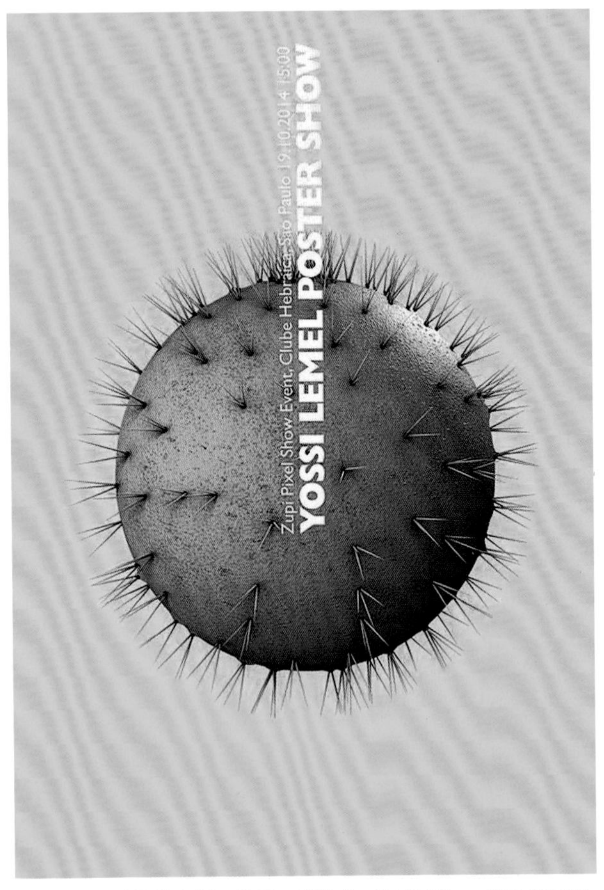

图176 设计展览海报 约西·莱梅尔（以色列） 具象摄影图形的概括性和夸张性，使版面简洁有力，艺术感染力超强

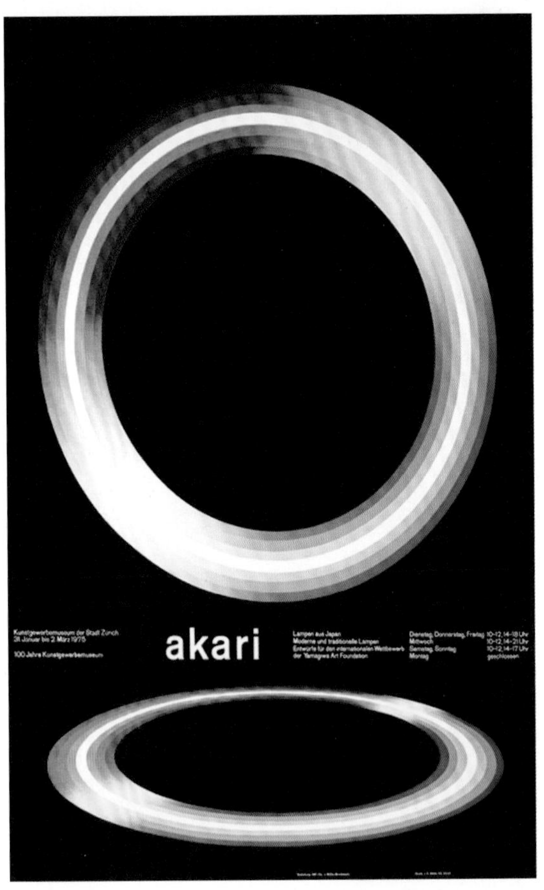

图177 Akari灯具展海报 约瑟夫·缪勒·布罗克曼（瑞士） 夸张的图形，启发联想，创造有个性特色的版式风格

图178 设计展览海报 绘画语言呈现的图形，夸张的影子，大大提升了版面视觉感染力

二、图形的特征

图形在版面中体现出很多特征，以手绘及数字技术表现为主的图形主要具有以下几个特征：概括性、夸张性、抽象性、符号性。

1.概括性

概括性也就是指通过对各种复杂纷繁的自然图形进行合理简化，使其具有设计感和表现力。版面构成中的图形应该是简洁明了，主题鲜明突出，诉求单纯的形态与形式。这样才能有效地抓住版面重点、体现出最佳的视觉效果。

2.夸张性

夸张是图形设计师最常用的一种表现手法，它突出对象特征中最典型意义的或最优美的方面，并发挥无尽的想象将其充分扩大，创造出引人入胜的新奇变幻的版面形态，以此提升版面的艺术感染力，从而促进信息的视觉传达。

3.抽象性

图形的抽象性主要是指图形运用几何形态的点、线、面及圆形、方形、三角形等构成，是视觉规律的概括与提炼。利用有限的形式语言营造出无限的想象空间，其表现的内容是广阔的、深远的、无限的。这种版面构成形式更具有现代感与时代特色。

4.符号性

图形的符号性又可分为符号的象征性和指示性。象征性指在版面中运用感性、含蓄而具有隐喻性的符号、暗示和启发人们的联想，揭示出相关的情感内容和思想观念。指示性体现出了图形是一种命令、传达、指示性的符号，版面中常采用这种形式来引导读者的视线，沿着符号指示的视觉流程进行阅读（图176～图179）。

图179　保险公司发行的注意行人安全的宣传单　运用交通警示标志的符号性特征传达主题命令，符号性使主题鲜明，具有强烈指示性

第二节　版式的图形编排

一、图形的面积与数量

在版面中，图形的大小也影响着整个版面的视觉效果，关系到情感传达的强度。通常我们依照图片的重要性和吸引性来安排图片的大小，在版面中形成主次分明的格局。

图形面积越大，其引人注目的程度越高，概括性和说服力也越强，视觉感染力也就越强，给人印象深刻。大图形一般用来表现事物的细节，如人物的表情、手势，某个物体的局部特写等，能在瞬间传达出内涵，并渲染一种具有亲和力的、直接的诉求方式。

较小的图形一般给人精致的感觉，在版面中多作为点缀或成片出现，体现版面的丰富感，呼应主题或与主图形作对比，这也常被称作是图形的点状分布型。小图形的编排，应具有凝聚力，使版面相对稳定而显得饱满。插入文本中的小图形很自然地使人感到精致，同时有点缀和呼应的作用，简洁有力的小图形还能成为读者视线的焦点。面积不同的图形在版面中并置时，会产生视觉上的大小对比，也使画面具有了层次感和节奏感。

图180、图181是运用大图布局版面的海报设计作品，具有强烈视觉感召力的大图，提升作品的视觉感染力，简洁明快，现代感十足。

图180　海报设计

图181　海报设计

THE FUTURE OF EVERYTHING

report that the gas goes away. I resorted to a dose of Beano with my meals and that seemed to do the trick.

DAYS 6-7: After roughly a week of drinking nothing but the powder, despite the side-effects I actually felt healthier than normal. I'm guessing that eating Soylent was more nutritious than my regular diet. I felt as though I had twice as much energy during the day with no dips after eating meals.

One last side-effect to mention: after a week of eating only Soylent, I was delirious for regular food. I felt as if my senses of smell and taste were on overdrive, scanning the horizon for the next delicious whiff of a passing donair. To this day, any time I have a breakfast and lunch of Soylent, my desire for "regular" food is unquenchable. I don't think I'd ever again be able to go three meals a day of Soylent, but I now include it as part of my regular diet for breakfast and lunch every weekday.

ON DAY 7: after my final lunch of Soylent, I reserved a table at my favourite diner, where I chowed down on the dirtiest, greasiest, unhealthiest hamburger I could get my hands on.

Boy, did it ever taste good.

Ross Lockwood, *'08 BSc(Hons), '15 PhD, has a passion for science, engineering and space exploration. In 2014, he spent 120 days in the NASA-funded HI-SEAS mission simulating a mission to Mars.*

The Future of the Environment

The 2115 environment is vastly different. The extinction of thousands of species results in new ecosystems. Introduced species proliferate. The most adaptable species survive in the new warmer climate. Humans desperately try to save species by moving them to places where they may survive. Evolution is replaced by forces driven by humans. Humans dominate all landscapes. Of course, we could change our current trajectory.

Andrew Derocher
'87 MSc, '91 PhD
Professor of biology, Faculty of Science

30 | newtrail.ualberta.ca

WHAT WILL PEOPLE BE EATING IN 100 years? They'll be eating their sorrow over the devastating agricultural and human costs of climate change that we, their ancestors, failed to prevent. They'll be eating much less meat to make the most of remaining agricultural land and conserve water; and they'll have consigned brutal industrial meat production to a less humane, more polluting past. They'll be eating fresh and preserved produce from their own yards and from gardens woven extensively into our cities and towns and buildings. They'll be tasting unpredictable new flavours as some things we eat become scarce or disappear because of climate change (their diets may not include coffee, grape wine, chocolate or many kinds of seafood), as new crops can be grown locally, and as climate refugees bring their food ways with them. And they'll be loving food, experimenting with food, sharing food and celebrating with food as humans have always done, however hard the times.

David Kahane
Professor of political science, and director of Alberta Climate Dialogue

THE EXCEPTIONAL WINES ENJOYED IN 2115 will have been harvested in 2015; for whiskies, those casked in 2012 will have aged exceptionally well. In 2115, as in 1915, bread will be made from flour, water and salt without other additives or processing aids. Alberta will grow ants and grasshoppers to feed the world with burgers. The pharmacy will become a supermarket where people buy food to prevent disease as indicated by individual (genetic) risk factors.

Michael Gänzle
Professor and Canada Research Chair in Food Microbiology and Probiotics

I EXPECT FOOD WILL BE PRODUCED with more constraints and attention to social concerns: responsible food production systems, with animal welfare-friendly and environmentally sound production technology. We will use information collected from animals in real time to create precision management of nutrient specifications, to more closely match animals' needs. All of this assumes we will still be using animals for meat instead of synthetic meat.

Martin Zuidhof
'91 BSc, '93 MSc, '04 PhD
Associate professor, poultry systems

I AM REALLY NOT A FAN OF lab-grown meat, so I don't think we will see Atwood's ChickieNobs. Instead, diets will be personalized according to our individual gene sequences and our responses to every meal monitored by next-gen metabolomics devices plugged into our bloodstream. Meals will be built based on these readouts but from ingredients we would all recognize today. For omnivores, the beef will be from cattle reared on grass but finished on insect protein. And there will still be bacon... Mmm, bacon—hear that sizzle.

Graham Plastow
Professor, animal genomics, and CEO of Livestock Gentec

FOOD

What Will We Eat in 100 Years?

Everything from bugs to our

"This is the latest," said Crake.

What they were looking at was a large bulblike object that seemed to be covered with stippled whitish-yellow skin. Out of it came twenty thick fleshy tubes, and at the end of each tube another bulb was growing.

"What the hell is it?" said Jimmy.

"Those are chickens," said Crake. "Chicken parts. Just the breasts, on this one. They've got ones that specialize in drumsticks too, twelve to a growth unit."

"But there aren't any heads..."

"That's the head in the middle," said the woman. "There's a mouth opening at the top, they dump nutrients in there. No eyes or beak or anything, they don't need those."

From Oryx and Crake, by Margaret Atwood

WHEN THE FACULTY OF AGRICULTURE WAS

图182 *new trail*杂志内页设计（加拿大） 运用小图形点缀装饰版面，丰富了层次关系，更使得版面生动有趣

图形的数量也会影响整个版面。当版面只有一个图形存在时，图形自身的质量及其视觉冲击力就决定了版面的印象，这通常是创造高雅格调的视觉效果的保证。两到三个图形活跃版面，同时也使图形处于对比的格局中。三个以上的图形能营造出热闹的氛围。图形数量的多少一般是根据版面的内容来进行安排的。但必须考虑到各图形的主次、色彩和位置等关系，不要使人的视觉产生分散，找不到设计所要传达的主体内容（图180～图183）。

图183 斯特凡·韦韦卡——现代TECTA 冈特·兰堡（德国） 多个图形的叠压运用，营造了热闹非凡的版面氛围

二、图形的位置

当设计师的创意需要时，图形的位置可以被安置在版面上的任何地方。但位置的不同会直接引起视觉上的舒适与否，从而导致受众心理感受的不同，因此，在版面上如何将图形进行合理的位置安排，需要设计师认真研究思考。

图形放置的位置直接关系到版面中的布局。在版面结构布局上，四角与对角线具有潜在的重要性。四角是表示版心边界的四个位置点，无形中蕴含着一种稳定的力量。因此在画面的四角配置一些图文，会使画面很自然地产生安定感，使原来不太均衡的构成，可以转变具有稳定性的画面。

连接画面四个角的斜线称为对角线，对角线的交叉点为画面的几何中心。如果把图形配置在对角线上，便可以支配整个画面并产生安定感。版面布局时，通过四角和对角线的结构可以求得版面多样变化的结构形式。

中轴四点是指经过版心的垂直的线和水平线的端点。中轴四点可以产生横、竖居中的版面结构。若将四角与中轴四点结构结合使用，版面结构会更为丰富完美。

图184 将图形和文字进行了四角和对角线放置，版面蕴含着一种稳定的力量

由此可见，四角与对角线以及中轴四点所形成的版面结构，其原理虽简单，变化却很丰富。在版面编排过程中紧紧抓住这八个点，布局起来将会变得更为容易。分析版面结构时，可以运用四角和中轴四点及对角线的关系，这样，版式设计的构成关系、视觉流程关系、形式法则关系等内容将会变得一目了然。

不同的位置安排，给人的心理感受也会有所不同。一般情况下，将图形编排在版面的上方，会使人产生一种向上、升腾的轻松感；而将图形编排在版面的下方，则会给人一种端庄、沉稳的感受。如果将图形放置在版面的左边，阅读者会产生舒适、流畅的视觉感受；将图形放置在版面的右边则会使人感觉拘谨、有一定的限制感。另外，将图形编排在版面的中间，四周虚空，视觉上会产生一种高度凝聚感，视点集中、效果强烈，但是，也正因为这种焦点的作用，使其同时又具有一定的向四周辐射的张力。相反，如果将图形沿着整张版面的四周进行编排，则会产生出一种扩张感，使人的视觉向外扩展，显得宽广而大气。如果将图形沿着中轴线编排，会使其产生均衡感，同时视觉上有向两边扩张的感受（图184～图188）。

图185 法国圣艾蒂安国际设计双年展海报 图形和文字都编排在版面的中间，四周留白处理，使视觉上产生一种高度凝聚感，视点集中、效果也很强烈

图186 剧院招贴 将图形编排在版面的上方，使版面产生了一种向上升腾的轻松感

图187 戏剧招贴 图形出血编排在版面的边缘，有一种扩张感，提升图形的视觉感染力

图188 图形编排在版面的左边，传递舒适、自然的视觉感受

三、图形的剪切

版式设计对图形的处理，常常是根据主题和设计的需要进行剪切处理，使其达到更好的视觉艺术效果。

在版式设计中很少有图形尤其是图片，能够按照原样被采用。一方面，如果你使用的照片大小与版面安排不符合，就不能很好地被放置到需要的位置中；另一方面，照片中含有的大量细节往往会分散读者对主题的注意力。因此，根据主题和版面结构，需要设计师重新审视图形或图片，决定使用其整体还是局部，去除背景还是保留背景。整体更全面，局部更突出，去除背景的图形更自由，保留背景的图形更严谨，这些决定在版面编排中各有优势。

剪切也常常根据版面内容的重心来决定使用整体还是局部，有时候，剪切还需调整图片的长宽比例，以适用于版面结构。这种剪切对图形本身影响不大，但对版式的结构、空间起着很重要的作用。同时，也使得剪切后的图形更加突出主题。

另外，图形的边缘剪切处理后的状态，有开放式和闭合式之说。开放式指对图片中物体边缘轮廓进行剪裁，使整张版面空间成为图形的新背景。这种处理形式使图形的特点更加突出，使版面显得轻松、活泼、动态十足，图文组合自然默契。闭合式是指除去图片不必要的背景或底色后，再将图形的轮廓或底色重新添加视觉要素，使图形被安置于设定好的全新框架中，更好地配合版面的整体设计风格，使版面更趋于统一、稳定、有序（图189～图193）。

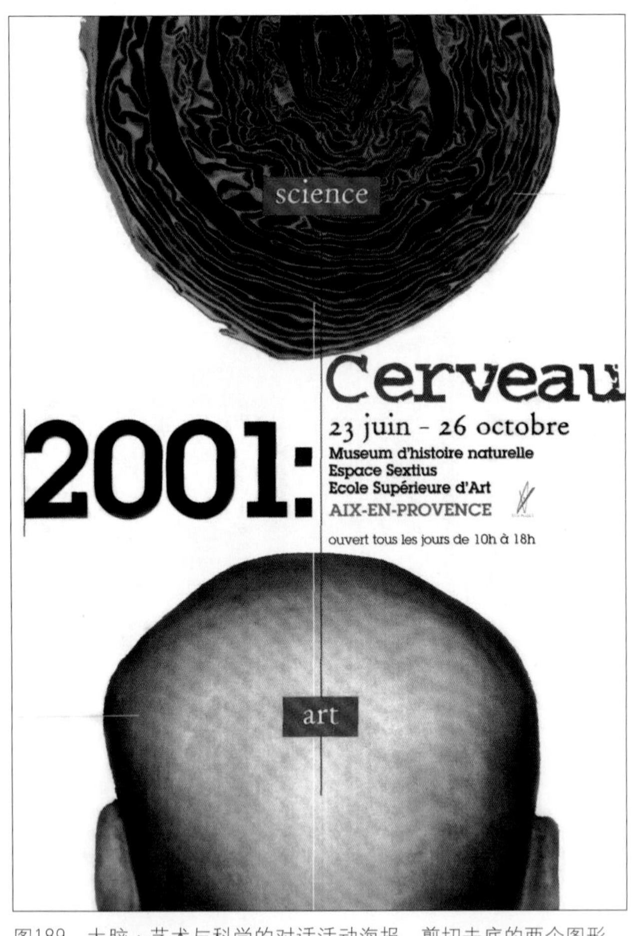

图189　大脑·艺术与科学的对话活动海报　剪切去底的两个图形，上下并置编排版面，这种剪切对版式结构起了很重要的作用，并使得主题信息表达更清晰突出

图190　海报设计作品　冈特·兰堡（德国）　剪切图形以更好地组合标题文字

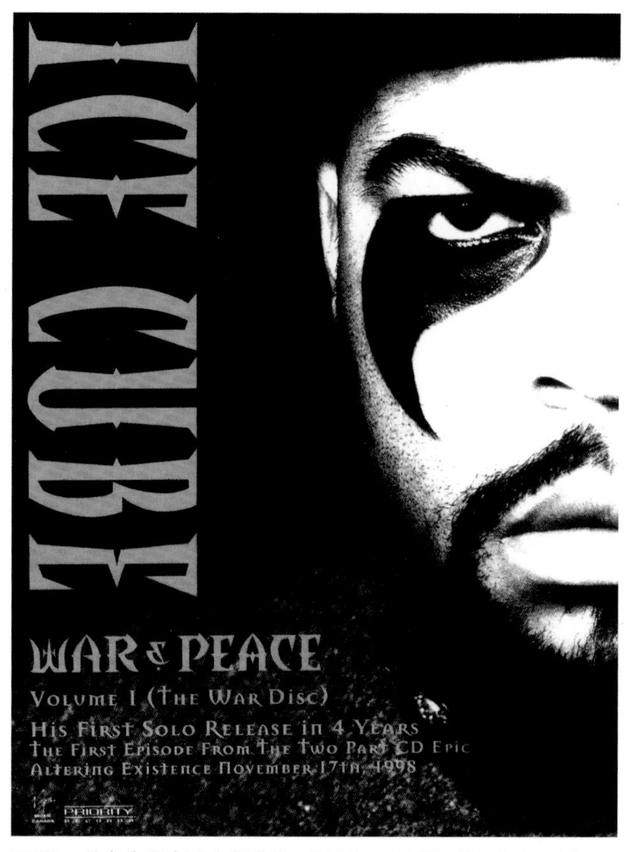

图191 战争和平音乐专辑广告 运用图片局部，突出了图形特点，构建了强有力的版面风格

图192 吉他产品广告 剪切使版面的重心落在了产品细节上

图193 LEVI'S 服装品牌广告 开放式的图形运用，剪掉图形不必要的背景，使整张版面空间成为图形的新背景

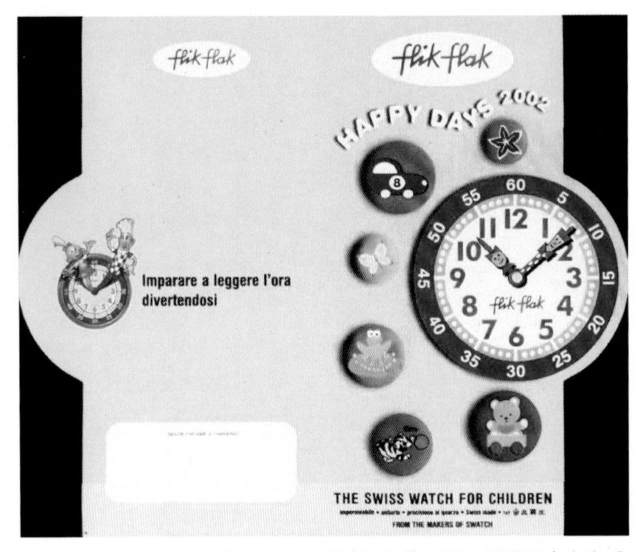

图194　瑞士儿童表广告　运用圆形剪切编排图形，版面具有亲和感

编排中对于图片的剪切方式，除了开放式和闭合式，还有框架式和出血式。框架式等同于闭合式，指的是将图片放置于新的图形框架中，矩形和圆形是版面构成中最简单、最常见的框架形式。出血式指将图片占满全版，在装订裁切之后图片四周都不露白边，或者把图片的一边或两边伸满版面边缘。这种方式，在印刷行业中的术语叫做出血，这类版面因此被称为出血版面。出血版面具有向外扩张、自由舒展的感觉，同时具有强烈的动态感和亲和力（图194～图200）。

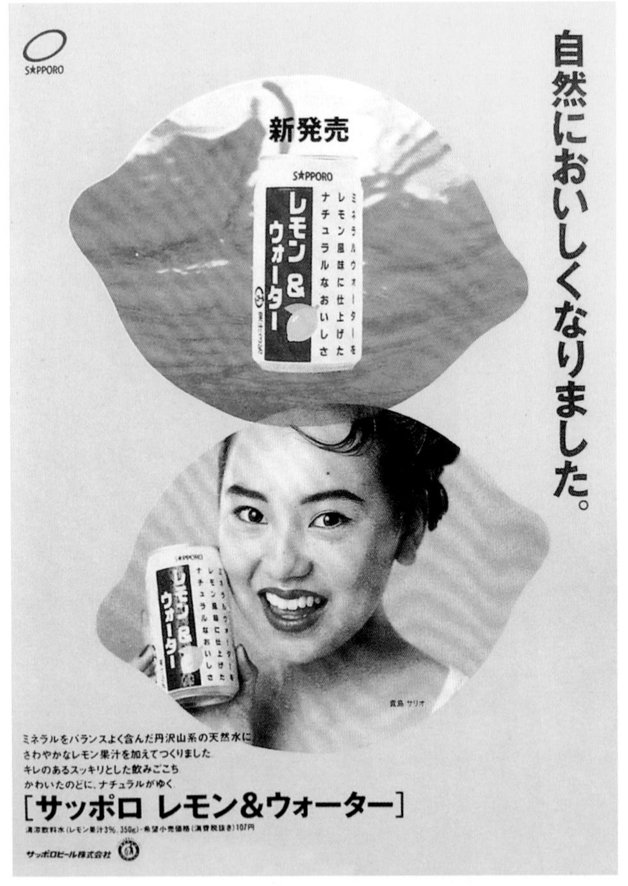

图195　柠檬味饮料广告　运用柠檬形状剪切编排图片，突出主题

图196　烹饪调料广告　产品图形使用开放边缘保证了完整性，背景图片左右边缘运用出血向外扩展，使得版面内容层次清晰

图197 图片边缘的剪切线成为版面的亮点

图199 具有向外扩张、自由、舒展之感的出血版面

图198 具有向外扩张、自由、舒展之感的出血版面

图200 使用去除背景后的开放式图形，组合文字时，更加灵活，版面容易做到统一性

图201　并置式组合，两类不同性质的图形运用了同样的剪影效果表现，面积、位置、方向也都采取了一致

四、图形的组合

图形的组合指的是如何处理版面中两张以上图形的构成关系。图形的组合，一方面与版式的结构、空间、层次、动势有着密切的关系；另一方面与图形本身的色彩、表现手法、面积大小、边缘剪切有着密切的关系。

图形的组合应该根据版面主题内容的需求和图形元素的个性特点，采取不同的方法完成。

常见的组合方法有：并置式组合，图形之间面积基本相同，并列布局；主次式组合，图形之间面积不同，小面积配合大面积图形；嵌入式组合，图形之间具有包容关系，将一图形嵌入到另一图形中；粘贴式组合，将多个图形粘贴在同一个骨架或背景中（图201～图220）。

图202　多少楼台烟雨中　城市海报　丁俊　并置式组合，多个图形均衡布局

图203　嵌入式组合，将风景图片嵌入到人物造型中，运用色彩的不同处理两个图形的层次关系

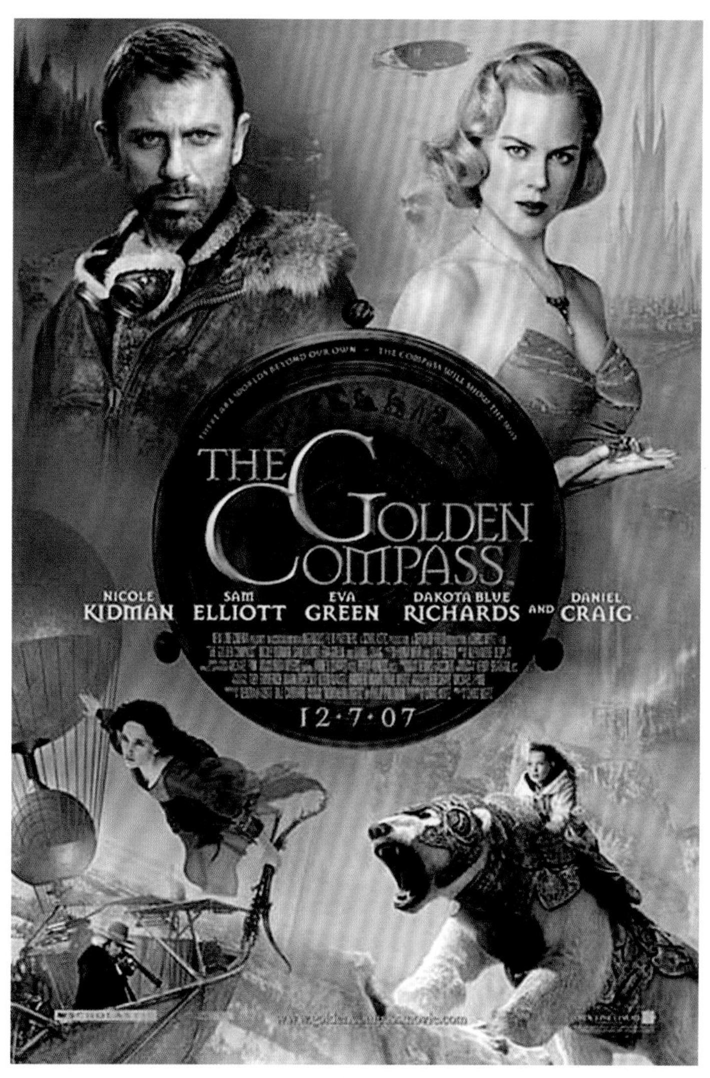

图204 电影《黄金罗盘》宣传海报 粘贴式组合，多个图形粘贴到同一个背景中

图205 博物馆联票 粘贴式组合，多个图形粘贴到同一个骨架中

图206 化妆品广告 主次式组合，加大图形的面积对比

图207　电影《黄金罗盘》宣传海报

图208　电影《黄金罗盘》宣传海报

图209　电影《黄金罗盘》宣传海报

图210　电影《黄金罗盘》宣传海报

图211　电影《生死格斗》宣传海报

图212　电影《生死格斗》宣传海报

图213　电影《生死格斗》宣传海报

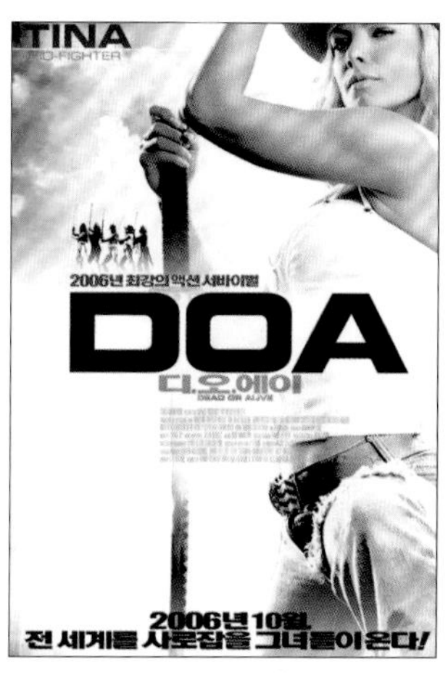

图214　电影《生死格斗》宣传海报

图215　电影《生死格斗》宣传海报

图216　电影《生死格斗》宣传海报

图217　电影《生死格斗》宣传海报

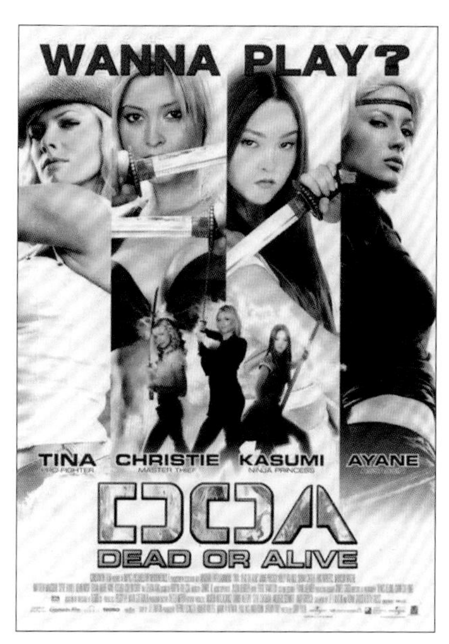

图218　电影《生死格斗》宣传海报

图219　电影《生死格斗》宣传海报

图220　电影《生死格斗》宣传海报

图221　2014白金创意征集海报　吴炜晨

图222　2014白金创意征集海报　吴炜晨

■练习题

运用一组同一主题的摄影图片，结合相关的主题文字，进行以图形为主要版面视觉元素的设计练习，尝试图形编排的各种方法，认识局部或整体，单个或多个，开放或闭合等不同方法的编排特点。

建议课时：8课时

作业范例：图221～图228

图223　2014白金创意征集海报　吴炜晨

图224 情调苏州系列海报 罗娟

图225 情调苏州系列海报 罗娟

图226 情调苏州系列海报 罗娟

图227 情调苏州系列海报 王言升

图228 情调苏州系列海报 王言升

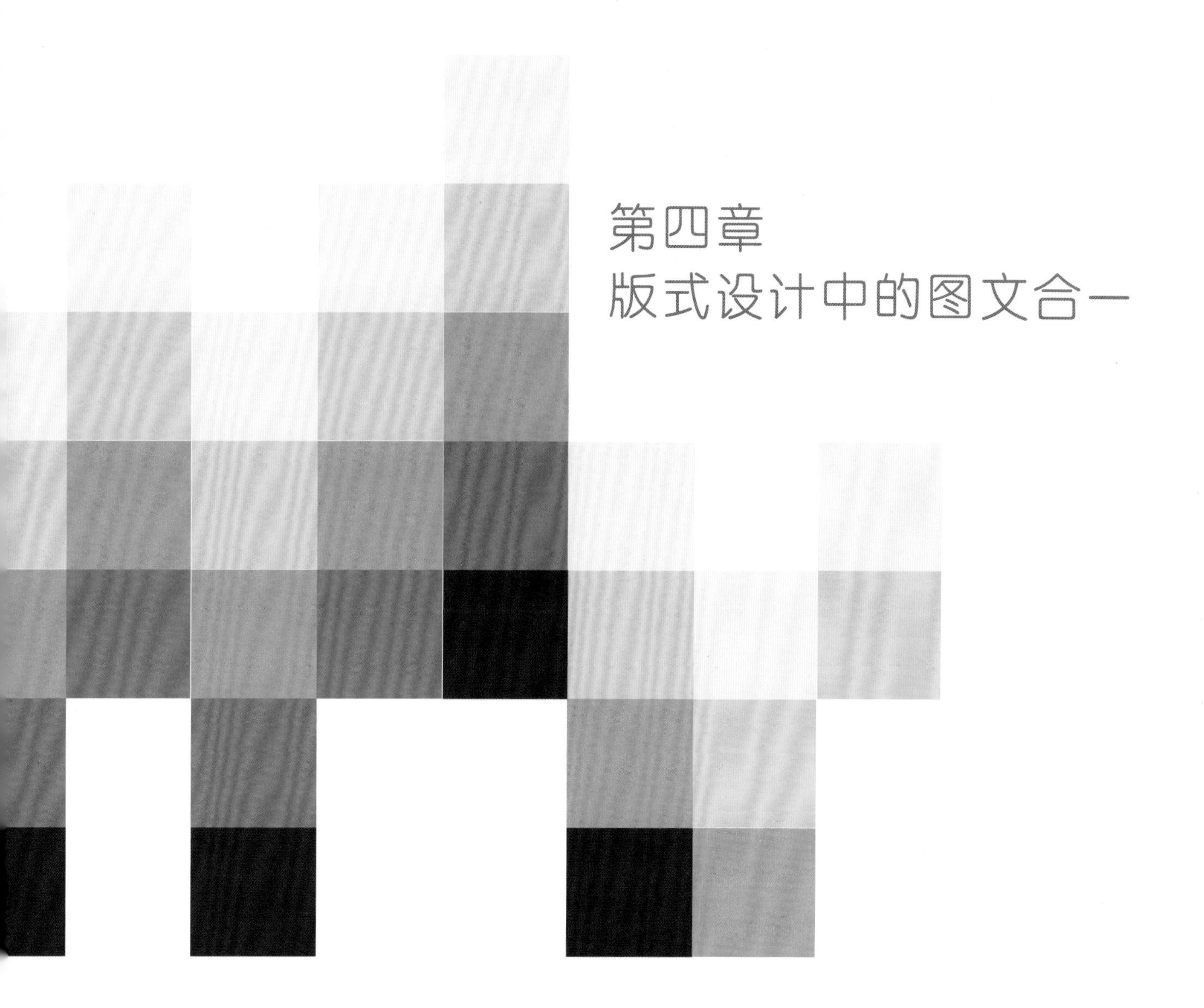

第四章
版式设计中的图文合一

第一节 视觉流程

图229 苏州虎丘·情调苏州海报 丹尼尔·沃纳（美国） 文字的编排位置和方向，强化了图形自身所具有的动势特点

一、力场与动势

在版式设计中，力场是指版面空间构成的磁场力，动势是指版面图形和文字等视觉元素的动向态势。

始创于20世纪的德国格式塔心理学派认为：客观事物的结构形式和人的主观视知觉活动都是力的作用模式。人对于对象物由知觉经验产生的力是真实的，不是虚幻的。因为这种力有着自己的作用点、方向和强度，是合乎物理学对于力所下的定义的。当外物的力的结构与人思维里的力场相吻合时，主客观两个力场便达到同形同构的认知过程。

运用力场原理，为版面图文元素选择恰当的空间位置，是产生或增强动势的重要手段。但形成动势并不只是要素的位置配置，它还与形状、方向、呼应、大小、层次、结构等有着密切的关联。

任何一个平面空间都会因自身不同的形态而形成一个相应的力的结构图式。当图文放置在空间一些位置上时，会显得相当平稳，呈现出静止的状态；当图形放置在另一些空间位置时，就会打破平衡安定状态，而呈现强烈的运动感觉。这种由力场、图形、文字间的组合关系而引起人对视觉对象产生整体意象上的动向态势感受，被称为动势。

图形和文字因自身的形态特点，具有强弱不同的动势，一般情况下，运动的形态比静止的形态动势强烈，具有三维透视感的视觉元素比二维效果的视觉元素动势强烈。另外，版面的垂直线、倾斜线、弧线比水平线动势强烈。

在版式设计中，各种信息载体遵循力场与动势的视觉规则进行编排、组织与处理，使得传达内容的层次清晰分明，秩序循规合理，节奏变化有致（图229～图231）。

图230　充满版面的图形和特殊的色彩处理，夸张了图形自身形态的动势，运用下方密集成面的文字给视觉创造平稳、静止的感觉

图231　塑造文字动势的版式设计，立体透视效果产生的空间动势，使版面张力由内向外散射

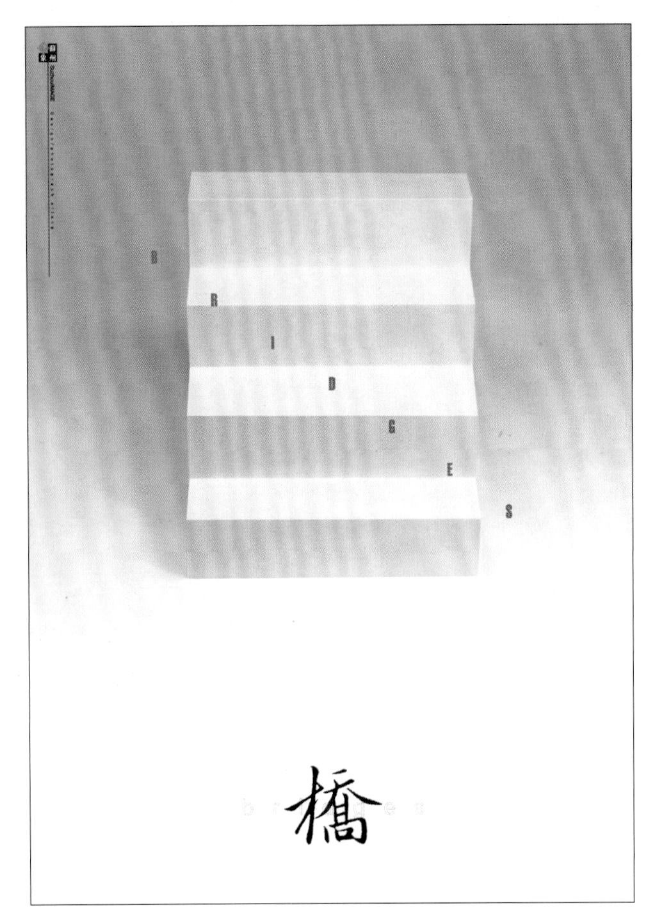

图232　桥水居·城市印象系列海报　廖琼良

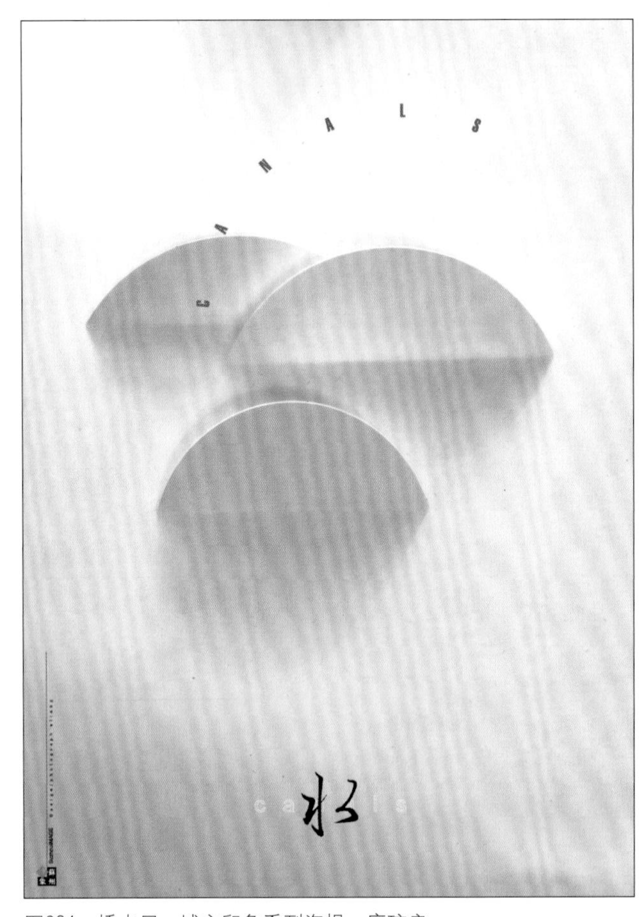

图234　桥水居·城市印象系列海报　廖琼良

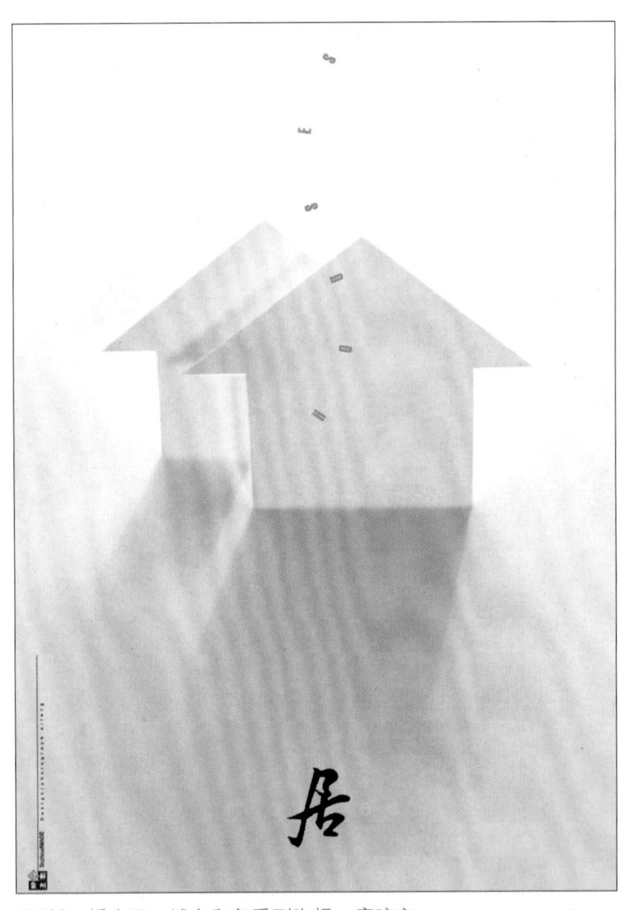

图233　桥水居·城市印象系列海报　廖琼良

图232～图234为城市印象系列海报作品，充分利用版面的最佳视域焦点布局图形和文字。

图235 最佳视域的最省力视觉原则，突出图形和文字

图236 IBM产品广告 在最佳视域布局主题图形

版式设计要充分运用视觉规律，突出画面的视觉中心，运用最佳视域。视觉中心一般是通过特殊性来区别于其他视觉元素，起到吸引视觉、引导传达的效果。如跳跃的色彩、夸张的图形，以及文字的字体、大小、位置的独特性等都能起到吸引视线的作用（图232～图237）。

二、最佳视域

在版面中心线上安排三个等距离的焦点，当人的视线在这三个焦点来回移动时，会发现第一焦点（中心线上部三分之一处）最引人注目，这就是版面的最佳视域焦点。最佳视域是指版面所要表达的重点位置，也就是人们关注版面的最中心的位置。在视觉上，人们习惯了从上向下、从左向右观看，这与文字常用的排列方式是一致的。这样一来，形成了在版面中观看者视线落点为先左后右、先上后下的规律，相应地，版面的不同部位成为对观看者吸引力不同的视域，据其吸引力大小，依次为左上部、右上部、左下部、右下部。因而版面左上部和中上部的“最佳视域”是最优选的方位。

最佳视域为设计者提供了最省力视觉原则，设计者在版式中也应该考虑到这个因素，将重要的信息尽量置于这个最佳视域，安排在最醒目的位置。平面广告中突出的信息、标题和商品名称等，一般编排在这些方位上。

图237 充分运用图片的视觉中心，结合先左后右、先上后下的视觉规律进行编排

图238　剧院戏剧海报

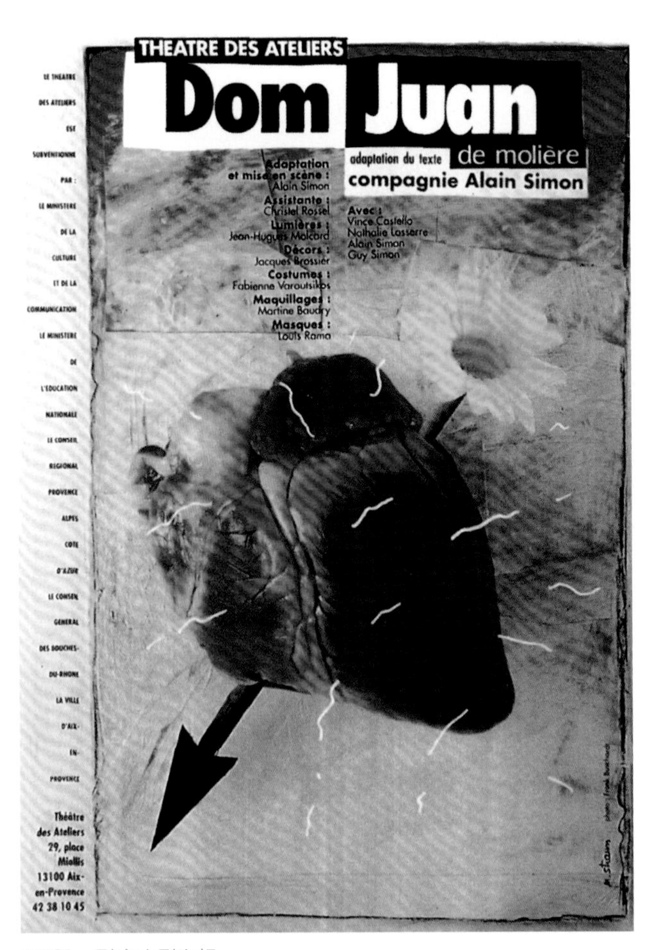

图239　剧院戏剧海报

图238～图241中，视觉在版面空间的流动线依赖于版面各要素的位置、特点而产生。

人们阅读平面广告其视线有着一个自然的流动习惯，通常由左到右，由上到下，随着由左上沿着弧形线向右下方流动的过程线，其注意值逐渐递减。视觉元素对视线的吸引，产生视线的不断移动和变化，这就形成了视觉的运动。视觉的运动具有线性的特点，设计师可以参考这种视觉经验，在版式的设计中，将多种视觉信息进行有序组织，通过诱导媒介，使观众视线按照设计意图向一定方向有序地串联起来，形成一个统一体，发挥最大的信息传达功能。

根据格式塔心理学家研究的视觉法则，人们看一个画面时，在相同的条件下，按以下次序观察：人物→动物→静物→风景，金属→光泽，上→下，左→右，前→后，大→小，图→背景，熟悉→不熟悉，实→虚，色彩→无色……

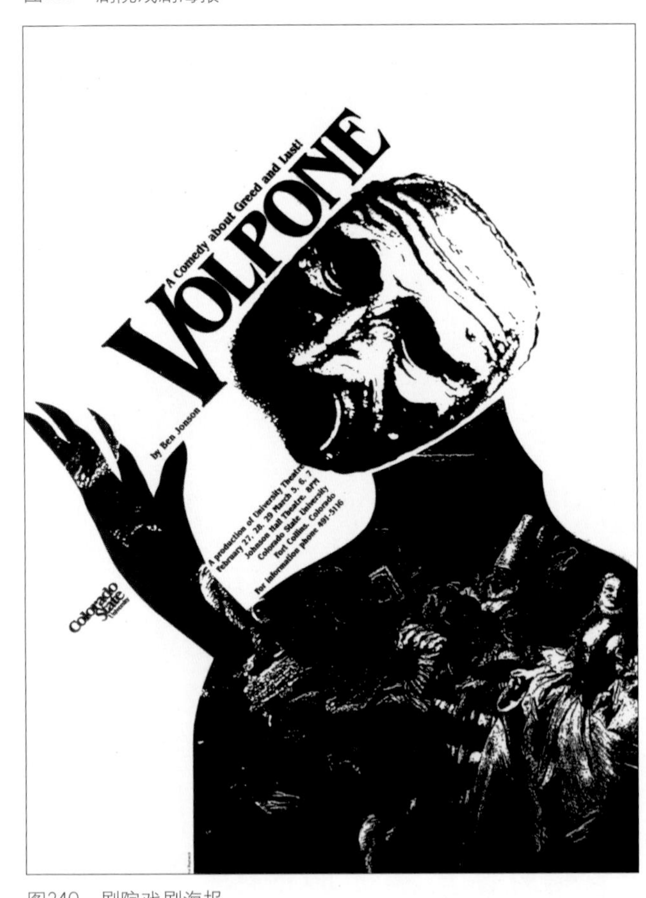

图240　剧院戏剧海报

三、视觉流程

版式设计的视觉流程是一种虚有的流动线，是一种“空间的运动”，它是我们视线随各元素在空间沿一定轨迹运动的过程。这种视觉在空间的流动线为“虚线”。正是因为它的“虚”，所以设计时往往容易被忽略。

视觉流程的设计需要对版面各要素有很深入的理解，因为它本身就强调逻辑性，注重版面的主次、前后空间等脉络的清晰程度，使整个版面的运动趋势有“主体旋律”，细节与主体犹如树干和树枝一样和谐。

所以，设计者要想很好地把握视觉流程，就必须理清并安排好版面的脉络，同时提高版面的审美价值，使视觉要素和谐而精彩，给读者恰当留出视觉休息和自由想象的空间，使其在视觉上张弛有度，带来视觉上的美感享受。

现代版式设计的基本原则是将重要的信息安排在注意力和价值高的位置，不同的视觉流程安排，会带来版面设计整体形式主体旋律的改变，从而表达或传达不同的效果。利用视觉移动规律，诱导观者的视线随着编排依次观看下去，这样能使观者有一个清晰、迅速、流畅的信息接受过程。

视觉流程比较简单、清晰的设计领域有：书籍、杂志、报纸、网站、导视牌等，它们以文字为主，连续性强，人凭经验会按常规顺序阅读。较复杂的视觉流程是结合主题，按功能设计的视觉流程，这是编排技巧成熟的表现，主要表现在海报领域，突出版面的艺术性（图238～图242）。

图241 剧院戏剧海报

图242 艺术中心展览海报 用图形冲出版面边缘的水平移动方向，构建简单明确的单向视觉流程

图243 海报设计 霍尔格·马蒂斯（德国） 单向视觉流程的运用，版面分别用了斜向视觉流程和曲线视觉流程，给人以平衡、恬静、平和之感

视觉流程具有很强的方向性，为了方便学习，可以把它分为单向视觉流程、重心视觉流程、反复视觉流程、导向视觉流程以及散点视觉流程五种形式种类。

图244　海报设计　霍尔格·马蒂斯（德国）　单向视觉流程的运用，版面分别用了斜向视觉流程和曲线视觉流程，给人以平衡、恬静、平和之感

1. 单向视觉流程

单向视觉流程，顾名思义就是只使用简明、清晰的流动线来安排整个版面的编排。它的特点是简洁有力、视觉冲击力强。单向视觉流程使版面的流动线更简明、能直接诉求主题内容。这种方法在现代设计中运用很广泛，在需要短时间内吸引注意力的海报设计中尤为普遍。

按照方向分，可以把单向视觉流程分为：横向、竖向、斜向和曲线形四种。横向是沿版面的中轴将图片或文字做水平方向的排列。这种安宁而平静的构图，其观看视线会依横式的水平线左右移动，给人以平衡、恬静、平和之感。竖向具有稳定性，是一种强固的构图，视线依直式中轴线上下移动，给人以有力、坚定、直观之感。斜向形打破了横向和竖向的稳定，可使视线做不稳定的流动，活跃了版面的气氛，具有一定的动态感受。曲线流程是相对于直线的一种形式，根据其弧度自然流动，可以形成回旋的视觉流程。这种流程方式虽然不如直线视觉流程直接简明，但因其流畅的美感，更加灵活有韵律，能增加版面的运动感和节奏感。曲线视觉流程微妙而复杂，常见的曲线视觉流程有弧线型“C”和回旋型“S”。

单向视觉流程是一种最简单、最普遍和最容易掌握的视觉流程方法，运用到版式设计中具有简洁、直观、突出等视觉艺术效果（图243～图246）。

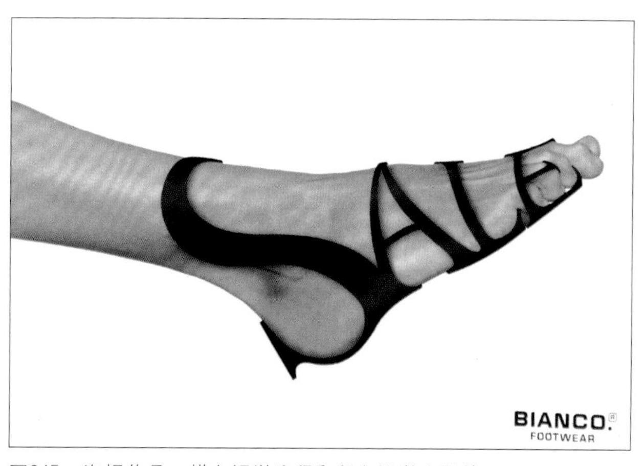

图245　海报作品　横向视觉流程和竖向视觉流程的运用

图246　海报作品　横向视觉流程和竖向视觉流程的运用

2．重心视觉流程

重心视觉流程是指视觉会沿着形象方向与力度的伸展来变换运动，如表现向心力或重力的视线运动。

一个版面自有其重心，而重心视觉流程最显著的特点就是强烈的形象或文字独据版面的某部分甚至整个版面，占据着重要地位，使人第一眼看上去具有很明确的视觉主题。

在版面构图中，任何形体的重心位置都和视觉的安定有紧密的关系。人的视觉安定与造型形式美的关系比较复杂，人的视线接触版面时，视线常常迅速由左上角到左下角，再通过中心部分至右上角，经右下角回到画面最吸引视线的中心视圈停留下来，这个中心点就是视觉的重心。

版面中各视觉元素形态的变化，如文字的对齐、图形的聚散、色彩的分布等，都可能对视觉重心产生很大的影响。

图248　版面利用重心视觉流程，使视线沿着版面中央图像的方向与力度由远及近运动，标题文字正处于视线的延伸方向，版面信息一气呵成，视觉冲击力突出、强烈

图247　图片的倒置编排，改变了图中人物向上跳跃的视觉引力，重心视觉流程变换为由上及下、从右到左的顺序

视觉重心一般在版面的中央，或者在中间偏上的部位。一些重要的文字和图片可以安排在这个部位，而在视觉重心以外的地方安排那些稍微次要的内容，这样在版面上就突出了重点，做到了主次有别。我们在看这类设计时，首先是从版面重心开始，然后顺着形象的方向与力度的倾向来发展视线的进程，继而扩展到其他各个部分。重心视觉流程引导着我们跟随着设计师安排的视觉流程脚步来进一步理解和体会鲜明的版面设计主题。

重心型版式产生视觉焦点，使主题更为鲜明、突出和强烈。不仅是图文编排的位置对比，图形本身的朝向也会使画面中的动态暗示得到加强，在方向、角度上的不同安排会形成视觉重心的稳定或不稳定的感觉，可根据需要有序地传达广告的信息（图247、图248）。

3. 反复视觉流程

反复视觉流程是指在版面设计中，相同或相似的视觉元素按照一定的规律有机地组合在一起。反复视觉流程可使视线有序地构成一定的规律，沿一定的方向流动，引导观者的视线反复浏览。其运动流程不如单向和重心流程强烈，但更富于表现韵律和秩序美。这种视觉流程适合于需要安排许多分量相同的视觉元素，如介绍一组产品、系列活动等。

反复视觉流程重复的可以是图片，也可以是标题或标志等。重复有强调的作用，被重复的部分可以给人留下深刻印象。处理重复时，要注意节奏与韵律，不能流于呆板。重复的要素都具有一定的数量，但可以是相同的，也可以是相似的，达到统一中求变化。反复流程也可以使视觉要素在有秩序的关系里，有意违反秩序，使个别的要素显得突出，以打破规律性。由于这种局部的突变，避免了单调性与雷同性，成为版面的趣味中心，产生醒目、生动的视觉效果，具有强烈的韵律感和秩序美。

反复视觉流程形成版面形象的连续性，给人以安定和规律的统一感。秩序和节奏的渐变运动，可使视线向远处深入，让观者感受到空间感。这种视觉流程方式能丰富版面设计的内容，也能形成一种有规律的韵律美（图249～图252）。

图250 卡丁车乐园宣传单　　图251 迪斯尼乐园宣传单

图250、图251中运用重复的线条和文字布局版面，产生反复视觉流程，具有强烈的韵律感和秩序美。

图249 反复视觉流程将图文编排在等大的圆形中，使版面取得统一，建立有秩序的构成关系

图252 版面四角使用相似的图形，创建生动的反复视觉流程

图253 运用人物的视线导向编排图文的导向视觉流程

4. 导向视觉流程

导向视觉流程是通过诱导性视觉元素，主动引导读者视线按一定方向流动，按照由主及次的顺序，把版面各视觉要素依次串联起来，形成一个有机整体，使读者的视线集中到所要传达的主要信息上。

视觉导向元素有多种，有虚有实，表现多样，如文字导向、手势导向、形象导向以及视线导向等。文字导向是通过语义的表达产生理念上的导向作用，也可以对文字进行图形化处理，对读者产生自觉的视觉导向作用。手势导向是通过指示性的箭头、手指或具有透视感的线条来引导视线，手势导向比文字导向更容易理解，更具有亲和力。形象导向和视线导向往往以图片中人或物的朝向来引导观者的视线，如人物的目光方向，一个座椅的朝向等。由一组人物、动物面向同一方向，会因共同的视线而一致起来。不同的物品方向一致，也可以产生统一感，如果将版面中人物的视线对着物品，就会引导视线集中到物品上。

设计作品通过上述导向性元素，主动引导视线沿着某一方向阅读，把版面各要素联系起来，形成一个整体。

导向视觉流程在版式设计中的应用很多见，它可以使版面重点突出、条理清晰，发挥最大的信息传达功能（图253～图257）。

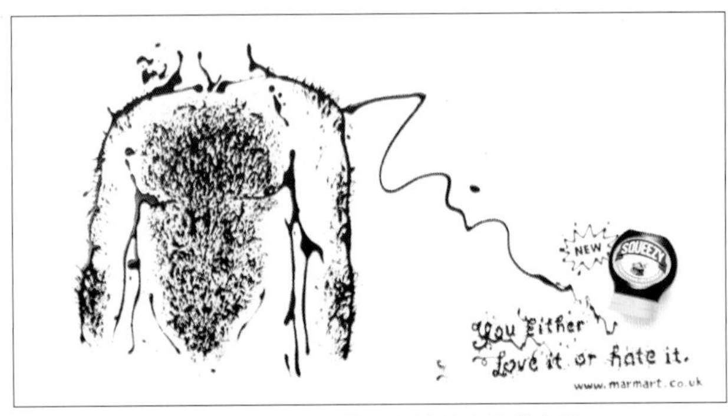

图254 运用流畅的线条引导编排图文的导向视觉流程

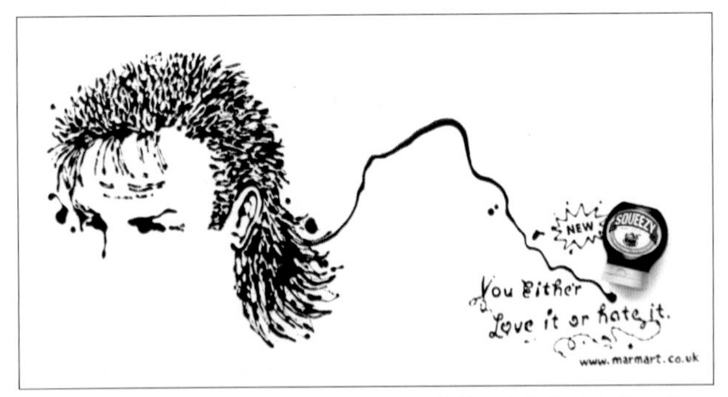

图255 运用人物的视线导向和手势导向编排图文的导向视觉流程

5. 散点视觉流程

散点视觉流程是指版面中各元素之间形成一种分散、没有明显方向性的编排设计，是打破常规的秩序与规律，以

图256 运用手势导向来引导视线，编排文字，既具有亲和力，又强调了文字的视觉力度

图257 运用手势导向来引导视线，编排文字，既具有亲和力，又强调了文字的视觉力度

强调感性、随意性、自由性为特点的表现形式。散点式视觉流程适用于广告内容比较多的画面构成。视线可根据构成的情况，产生不同的流动方式，是一种平衡稳定的构成形式。

散点视觉流程没有固定的视觉流动线，强调空间和运动感，追求新奇、刺激的心态，为一种较随意的编排形式。但点、线、面和色块的构成虽然看似潇洒随意，可细看之后会发现在定于变化的活泼形象之中的结构还是极为严格的。面对自由散点的版面我们仍然会有阅读的过程，即视线随版面图形、文字做或上或下，或左或右自由移动阅读的过程。

这种视觉流程不如其他视觉流程严谨、快捷、明朗，但生动有趣，给人一种轻松随意和慢节奏的感受。在编排时，将视觉要素在版面上做不规则的排放，能形成随意轻松的视觉效果。设计时要注意统一气氛，进行色彩或图形的相似处理，避免杂乱无章。同时又要主体突出，符合视觉规律，这样方能取得最佳的诉求效果。

散点视觉流程与一般严谨、理性、庄重、规则的设计正好相反，这种形态给人随意、感性、自由、生动、轻松、活泼之感，并且产生空间感和动感，也许正是因为这一点，散点视觉流程的编排方式正日趋流行（图258～图260）。

图258　娱乐活动广告　运用散点视觉流程编排图文，给人随意、感性、自由、生动、轻松、活泼之感，和主题诉求目的吻合

版式设计往往要求版面表现单纯、简洁。单纯、简洁，并不是单调、简单，而是对信息内容的精炼表达，这必须建立在新颖独特的艺术构思上。版面的单纯化，既包括诉求内容的规划与提炼，又涉及版面形式的构成技巧。因此，只有充分掌握一定的视觉流程规律并灵活地运用，通过对版面的图形和文字整体组织与协调性的编排，使版面图文具有秩序美和条理美，从而获得更良好的视觉效果，才能使所要传达的信息内容更准确、更清晰。

图259　运用散点布局的文字，强调空间和动感的散点视觉流程，运用虚实对比拉开文字和图形的前后层次关系

图260　运用散点布局的文字，强调空间和动感的散点视觉流程，运用虚实对比拉开文字和图形的前后层次关系

第二节 网格设计

“有选择性地去掉风格中烦琐的视觉元素和附加信息，可以产生紧凑、易懂、明确的视觉感受，也可体现出这是一个规划整洁有序的设计。整洁有序可以提升所传达信息的可信度并可建立自信。”——约瑟夫·穆勒·勃洛克曼

从版式设计的构成风格和布局方法来看，可以分为两大类：网格设计与无网格设计。网格设计较为理性，是运用逻辑思维来进行设计的一种方法；无网格设计较为感性，是运用形象思维来进行设计的一种方法。两者各有优势，设计师往往会根据不同的设计内容进行选择使用，有时，也会两者结合使用。

运用网格是一种考虑周详的图文编排方法，可用来更精确地编排版面上的要素，也为了保证实际的计量与页面空间比例的准确性。网格的形式复杂多样，所以，编排设计的空间很大，各种设计编排的可能性也很大。由于应用网格可以保持版式设计的一致性，所以可以使设计师有效地节省时间，并集中精力来获得成功的设计。网格设计排除了设计元素被随意编排的可能，使图文整合在统一的设计中。

运用网格时，首先确定版式风格，接下来就是确定图文区和页边留白。页边留白是环绕在图文区周围的页面空白区域。

如果你正在设计一本书，你应该首先设置一个双页面。这很重要，因为你需要确定书的左页和右页的对应关系，并判断它们是否保持比例上的平衡一致。

一般情况，内页边应比外页边稍窄，顶部页边应比底部页边稍窄。这样做就可以使文本区在版面的合适位置，同时让整个页面看上去比例协调。另外，人们在阅读时视线需要从一页转到另一页，所以左右页之间的间隙不应该过大。在确定页边留白时，我们还要考虑书籍的类型。例如，平装书趋向于较少的页边留白以减少书的页数，从而达到降低成本的目的。与之相反，有插图的书则趋向于设定较大的页边留白。对于制作成本的考虑也会影响页边留白的设定，产品推销手册和宣传册由于有比较充裕的预算，所以就能把页边留白设定得大一些。

图261　运用网格设计的杂志内页

图262　运用网格设计的杂志内页

图263　运用网格设计的杂志内页

图261～图265中，版面的正文区分为三栏设计，页面中的图片编排，既有遵循网格结构的嵌入式图形，又有充满版面的出血图式，既保证了多个页面的统一有序，又获得丰富多变的视觉效果。

图264 运用网格设计的杂志内页

图265 运用网格设计的杂志内页

然而，如果机械地应用网格会抑制创造力并使设计缺乏想象的表现力。尽管网格可以引导版式设计的决策，但是完全依赖网格替代决策则是考虑欠妥的。

网格为设计元素的编排提供了结构方案，但与此同时，有时应用网格也不一定适宜。在应用网格之前，要考虑设计主题本身的要求以及设计师艺术性的视觉表达形式。尽管放弃网格应用可以使设计师释放出更多的设计创意并拥有更大的发挥空间，但是设计师必须学会控制这种应用，以免做出无效果的设计。虽然，设计师放弃使用网格，但在潜意识中仍然有一定的准则在指导着他进行设计或帮助他做出正确的设计决策。因此，在一定的情况下，结构依然存在，不同的是这类版式设计不是网格的产物罢了。

在做无网格设计的版式时，应强调版面的协调性原则，也就是强化版面各种编排要素在版面中的结构以及色彩上的关联性。通过版面的文、图间的整体组合与协调性的编排，使版面具有秩序美、条理美，从而获得更良好的视觉效果。图形和文字无论远近，都要寻找内在的呼应关系，寻找相互依存的关系，远近都要有依靠点或支撑点。可以从前文中讲述的力场和动势去组织文字与图形等视觉要素，分析力场和动势是为了让我们认识到无网格设计也一定是有规可循的（图261～图277）。

一般而言，网格中应该设置垂直线以满足文本纵向结构及内容设定的需要。对标题、副标题、说明文字以及页码的位置要进行统一的设定，体现整体的连贯性。最后，你还要保持灵活机动。在设计了两三个版面之后，如果过分强调统一的整体效果，网格结构可能会显得过于固定和死板，其实你只需根据文本的实际需要采用适当的网格。网格并非限制，你可以使用所有可能的尺寸设计各种各样的网格结构。网格本身不会出错，关键是你在使用网格时不要出错。

如果你正在制作小册子、目录、杂志或书中版面结构重复的页面，运用好网格是很有必要的。它使版面设计要容易许多，可以让你将更多的精力用在更具创造性的设计工作上。你可以按照自己的意愿任意地设计网格结构，使用行宽和设定一致的网格会让你的设计形成统一的风格。你可以先做一些不同的尝试，然后在设计进行的过程中随时做出相应的调整。

■练习题

选择一个自己感兴趣的主题，如运动、旅游、自然或其他。组织创建合适的图形和文字，进行16页以上的书籍版式设计训练。

建议课时：20课时

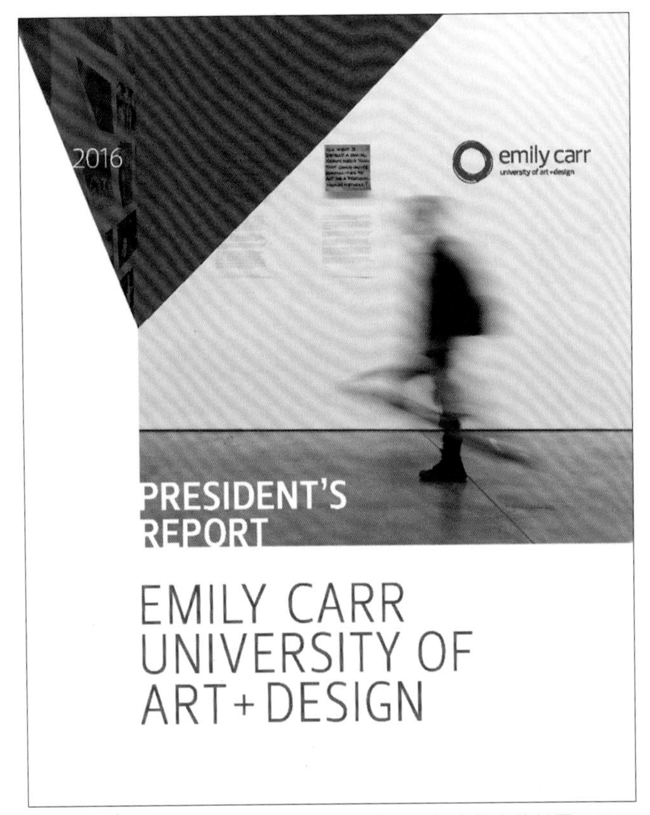

图266 加拿大艾米丽卡尔艺术设计大学2016年度报告的封面 运用锐角色块塑造了具有现代时尚感的网格设计

图267 加拿大艾米丽卡尔艺术设计大学2016年度报告的封底 运用锐角色块塑造了具有现代时尚感的网格设计

图268 加拿大艾米丽卡尔艺术设计大学2016年度报告内页

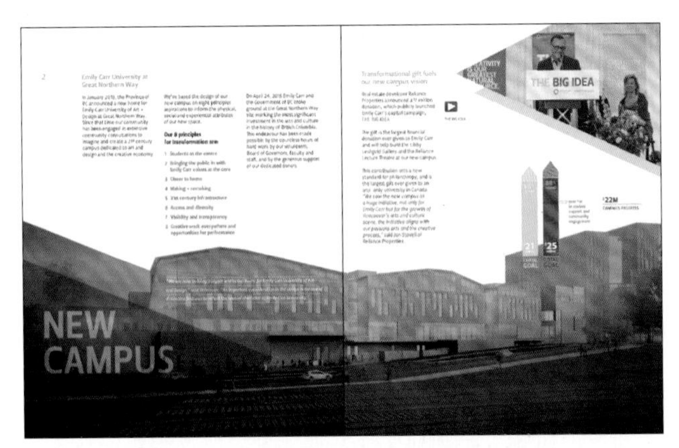

图269 加拿大艾米丽卡尔艺术设计大学2016年度报告内页

图270 加拿大艾米丽卡尔艺术设计大学2016年度报告内页

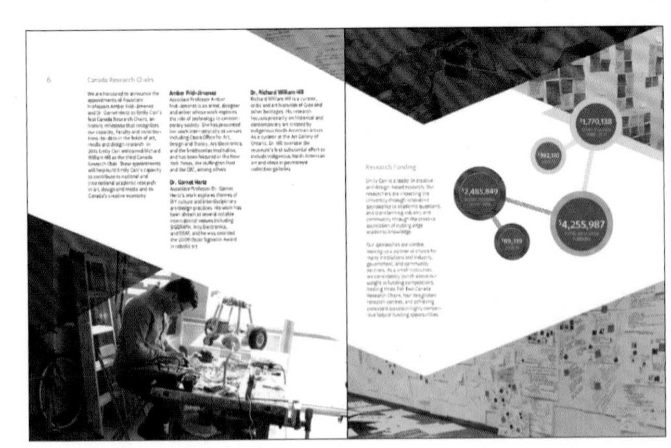

图271 加拿大艾米丽卡尔艺术设计大学2016年度报告内页

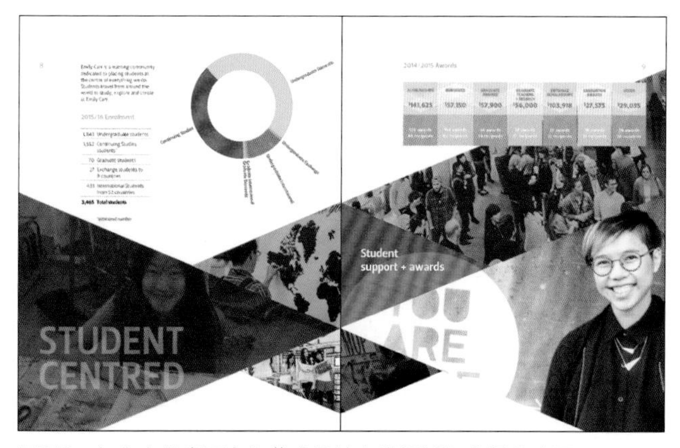

图272 加拿大艾米丽卡尔艺术设计大学2016年度报告内页

图273 加拿大艾米丽卡尔艺术设计大学2016年度报告内页

图274 加拿大艾米丽卡尔艺术设计大学2016年度报告内页

图275 加拿大艾米丽卡尔艺术设计大学2016年度报告内页

图276 加拿大艾米丽卡尔艺术设计大学2016年度报告内页

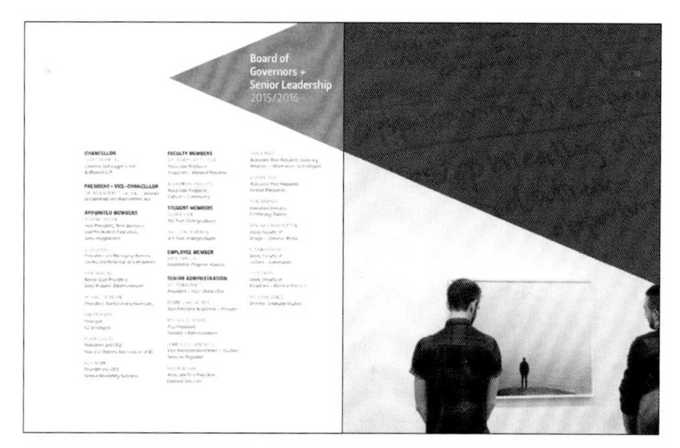

图277 加拿大艾米丽卡尔艺术设计大学2016年度报告内页

图268～图277中，版面的正文被划分为三栏设计，版面的图片被归入统一的框架中，建立了结构以及色彩上的关联性。

第三节 图文合一的原则

一、主题性原则

主题性，即总体构想下突出重点、捕捉注意力等视觉流程策划，根据不同的设计要求，形成不同特点的版面形式。设计从开始到结束，对于视觉流程风格以及细节特征的把握应与主题达成一致，不能一味求新求异而忽略了本质特征。由主题所延伸出的内容，如媒介因素、环境因素、受众因素等，无疑都直接影响视觉流程的设计。

二、逻辑性原则

逻辑性，即符合人们认识过程的心理顺序以及思维发展的逻辑顺序，使各个视觉单元的方向性暗示、最佳视域以及各信息要素在构成上的主次关系合理清晰。版式设计的视觉流程是人们在阅读静止的视觉元素时，形成的一个动态过程。在这一动态过程中，设计者应对所有要素进行合理的主次关系的充分认识和理解，在此指导下，进行合理的编排。

图278 1927年荷兰贸易博览会海报 范·安瑟伦（荷兰） 这一设计迎来了未来主义景观，并为展会系列精简了主题图形，巧妙地将传统主题象征“有翼的水星”转变成机器时代的象征“保持商业运作的机器人”

图279 钢椅和木椅·苏黎世博物馆装饰艺术展览海报 约尔格·汉布尔格（瑞士） 主题明确、逻辑清晰、版面和谐

三、和谐性原则

和谐是设计的不同元素之间感觉的和睦。各元素之间彼此支持以产生有效和连贯的视觉陈述。可以在设计中的不同视觉元素实现和谐，例如，有共鸣且不冲突的颜色方案，良好地传达所需消息的同类图形。不同的设计元素彼此协调，创造版面和谐令人赏心悦目的效果，这是良好设计的根本。

四、艺术性原则

艺术性，即在视觉容量限度内应有一定强度的艺术表现力，具备多层次、多角度的相应的视觉效果，注意视觉要素之间的节奏感与韵律感等形式美语言。更好地展现艺术设计的视觉艺术魅力，版面风格具有创造性（图278～图283）。

图280 版面设计 伊斯特万·奥罗斯（匈牙利） 表现语言具有创造性，艺术家个人风格突出，彰显独特的艺术魅力

图282 吴侬软语·情调苏州主题系列海报 武源 版面图文布局新颖，具有艺术创造性

图281 版面设计 伊斯特万·奥罗斯（匈牙利） 表现语言具有创造性，艺术家个人风格突出，彰显独特的艺术魅力

图283 吴侬软语·情调苏州主题系列海报 武源 版面图文布局新颖，具有艺术创造性

■**练习题**

由老师给定一个关于节日的主题，尝试在较短的时间内快速完成图文编排设计作品一件。要求主题特征明确，版面风格统一，布局合理，具有艺术感染力。

建议课时：8课时

作业范例：图284～图288

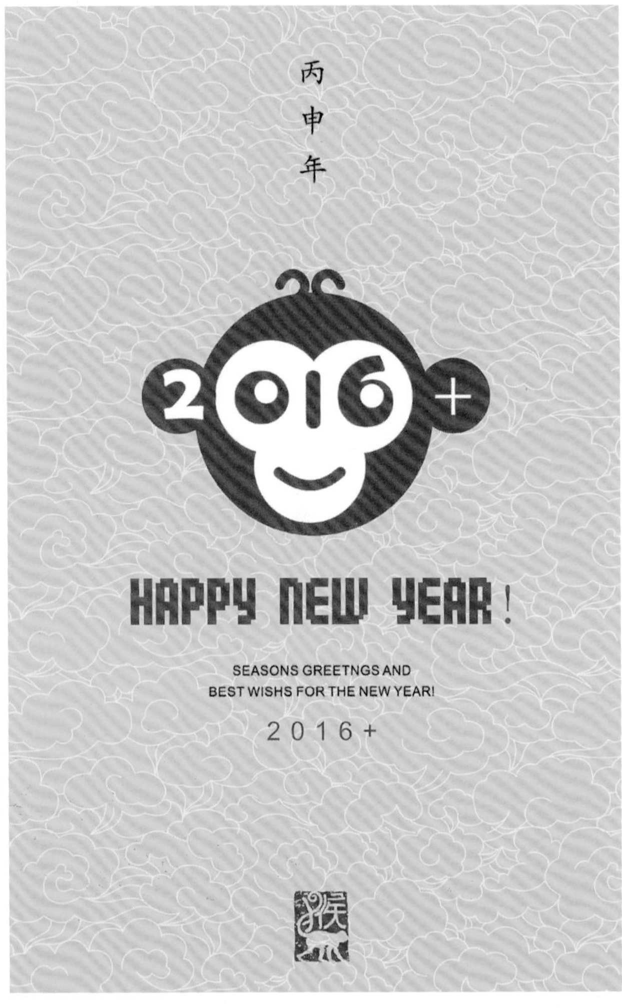

图285　猴年快乐·2016猴年贺卡设计　张建华

图284　一团和气·2016猴年贺卡设计　臧少杰

图286　吉羊来哉·2015羊年贺卡设计　张洁玉

图287　猴年多捞金·2016猴年贺卡设计　刘鹏

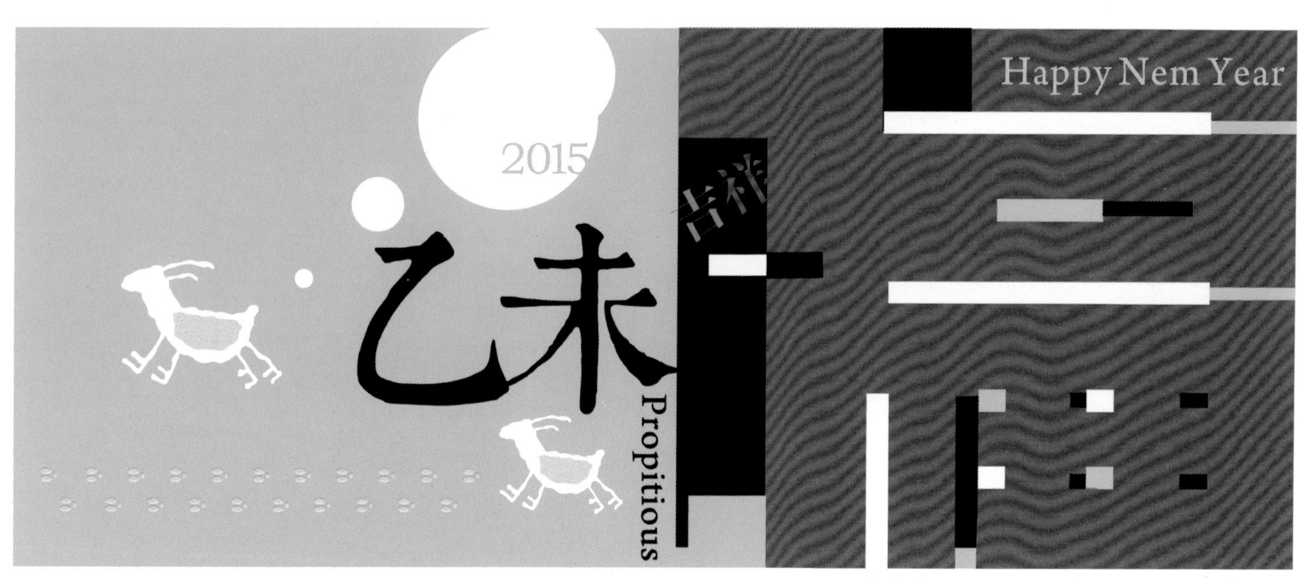

图288　乙未吉祥·2015羊年贺卡设计　张大鲁

第五章
案例欣赏

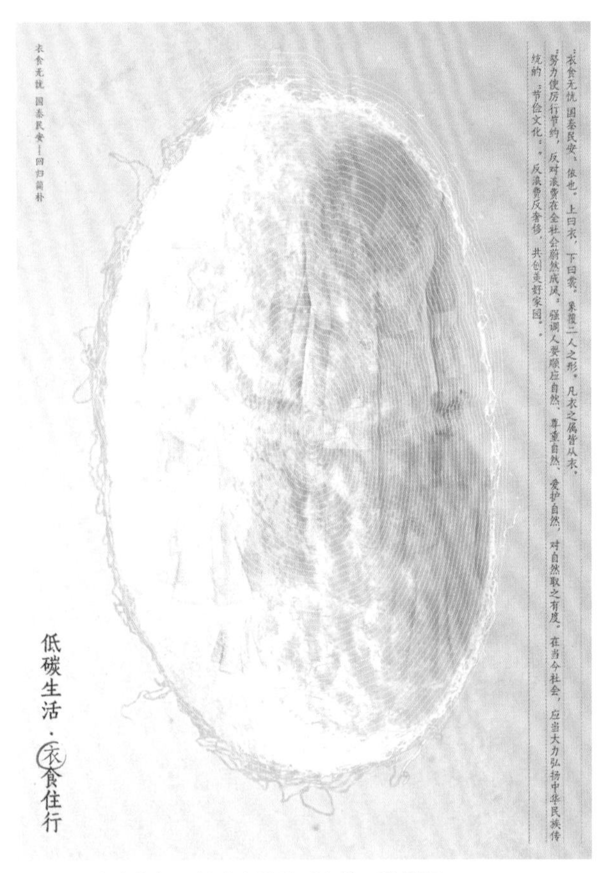

图289　衣食住行·低碳生活系列海报　张培源

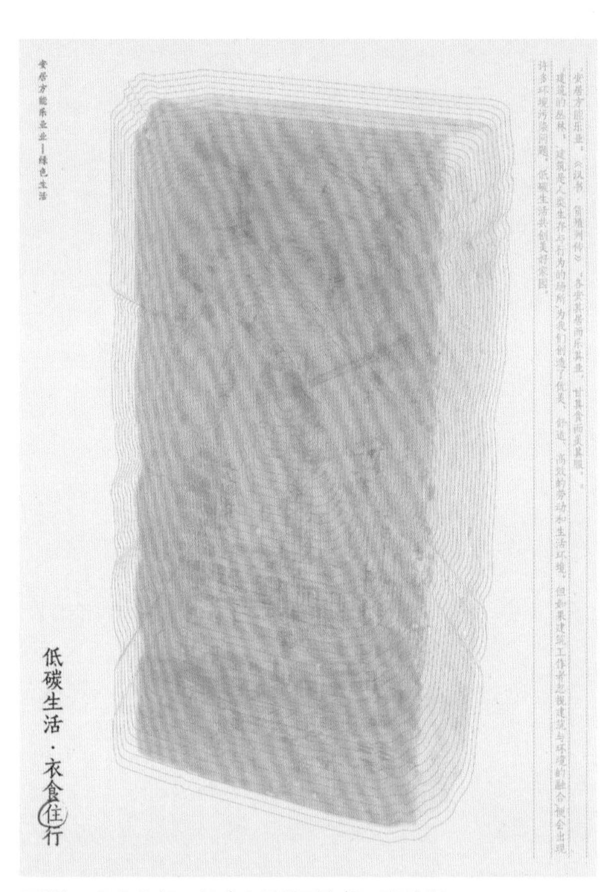

图291　衣食住行·低碳生活系列海报　张培源

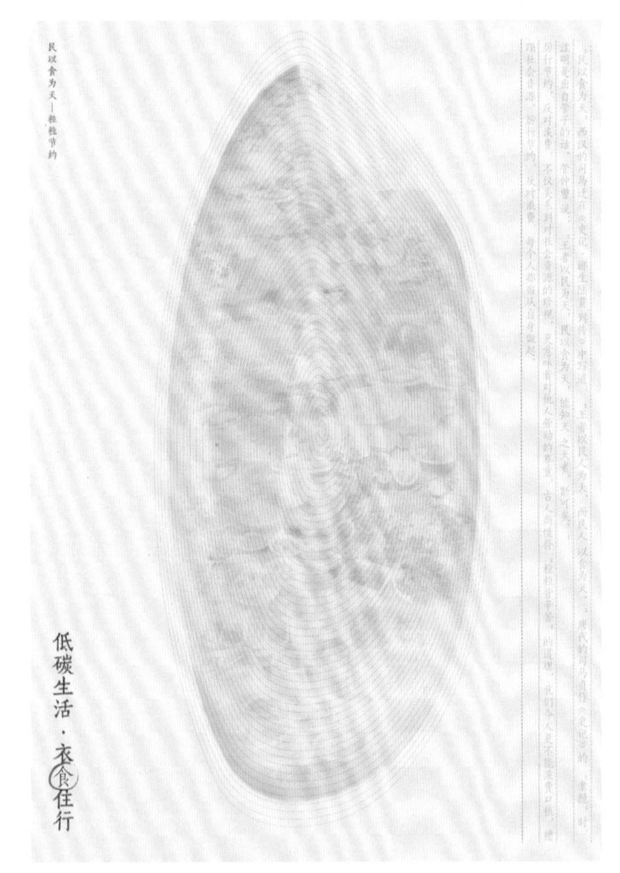

图290　衣食住行·低碳生活系列海报　张培源

图292　衣食住行·低碳生活系列海报　张培源

图289～图292作品中，以主题图形为视觉重点的版面布局，使用密集纤细的线的元素以及高明度的色调调和统一了图形和正文。

图293　白书·印刷技术实验　刘江平　充分体现了印刷技术特点的版面布局，黑白互补，简约明快

图294　黑册·印刷技术实验　刘江平　充分体现了印刷技术特点的版面布局，黑白互补，简约明快

图295 标本·根茎系列

图297 标本·根茎系列

图296 标本·根茎系列

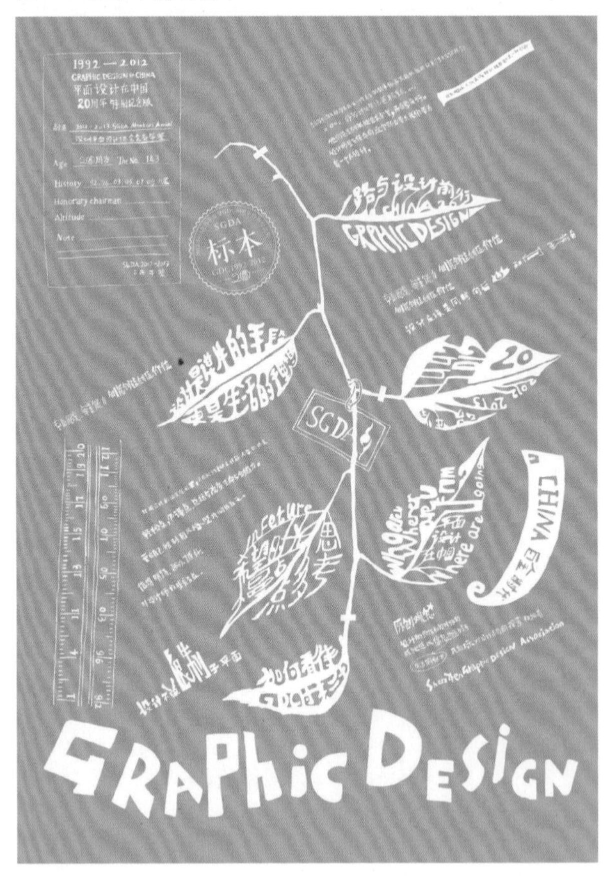

图298 标本·根茎系列

图295～图298为平面设计在中国20周年特别纪念海报　深圳华思设计机构　利用单一的色彩和手绘的表现语言统一了版面的文字、图形、表格和徽章等所有视觉元素，均衡的散点式布局，使版面呈现出轻松、自由、随和的视觉效果。

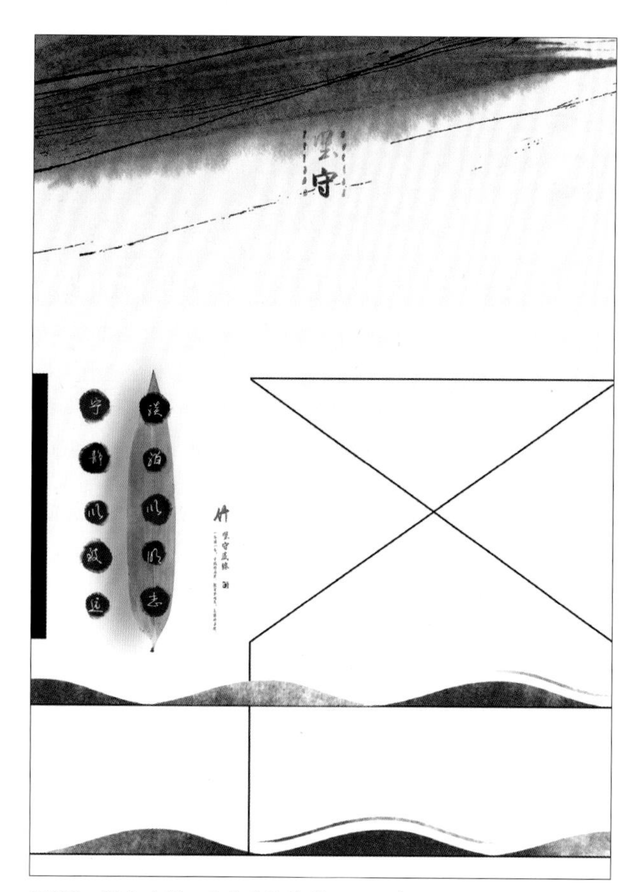

图299　坚守底线·字体实验海报　王云虎

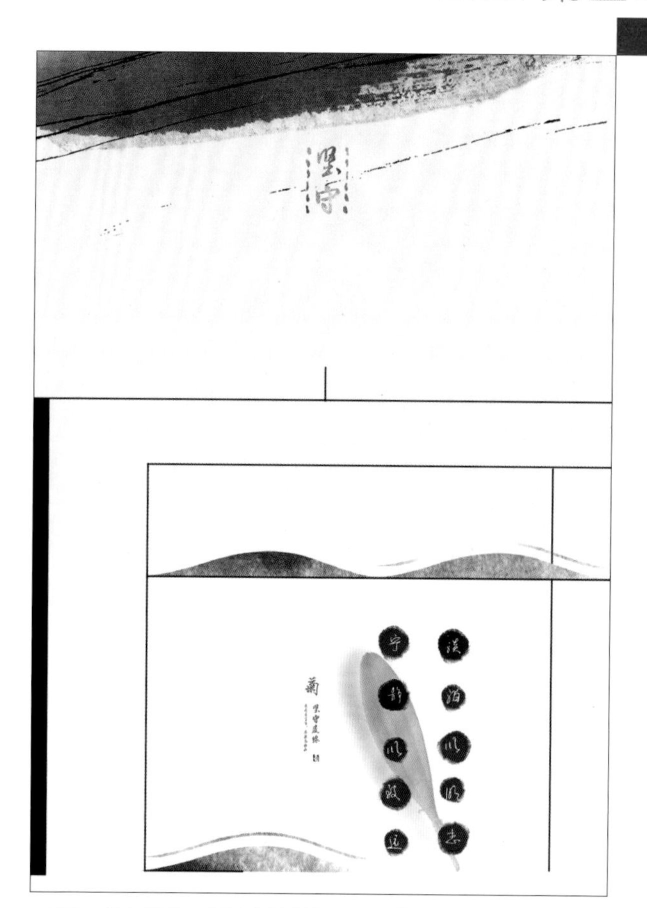

图301　坚守底线·字体实验海报　王云虎

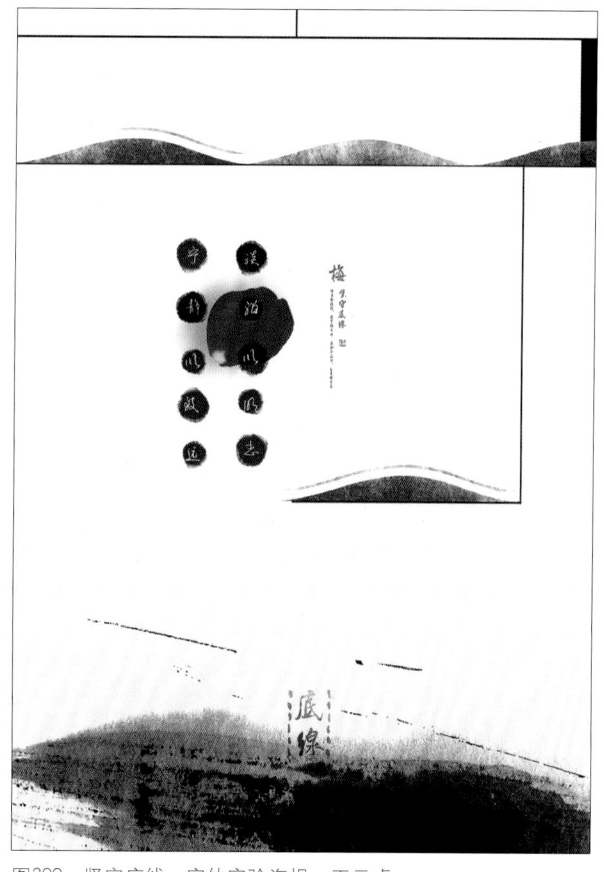

图300　坚守底线·字体实验海报　王云虎

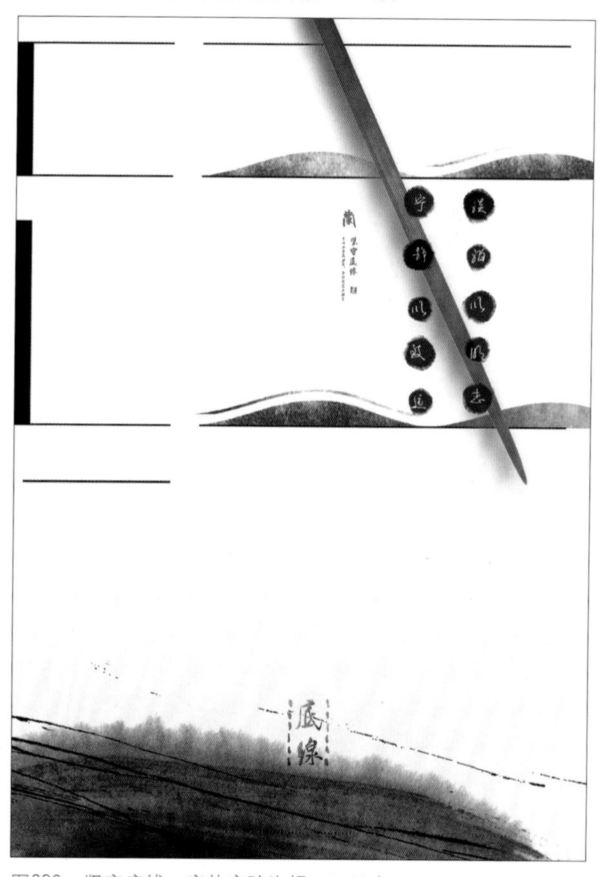

图302　坚守底线·字体实验海报　王云虎

图299～图302作品中，突出点线面几何元素的版式风格，水墨的肌理做面，塑造有意境的空间；汉字的笔画做线、直线分割版面，曲线丰富层次；标题文字做点，强调并调和了图形关系。

图303　运用版面空间的前后层次关系编排图形与文字

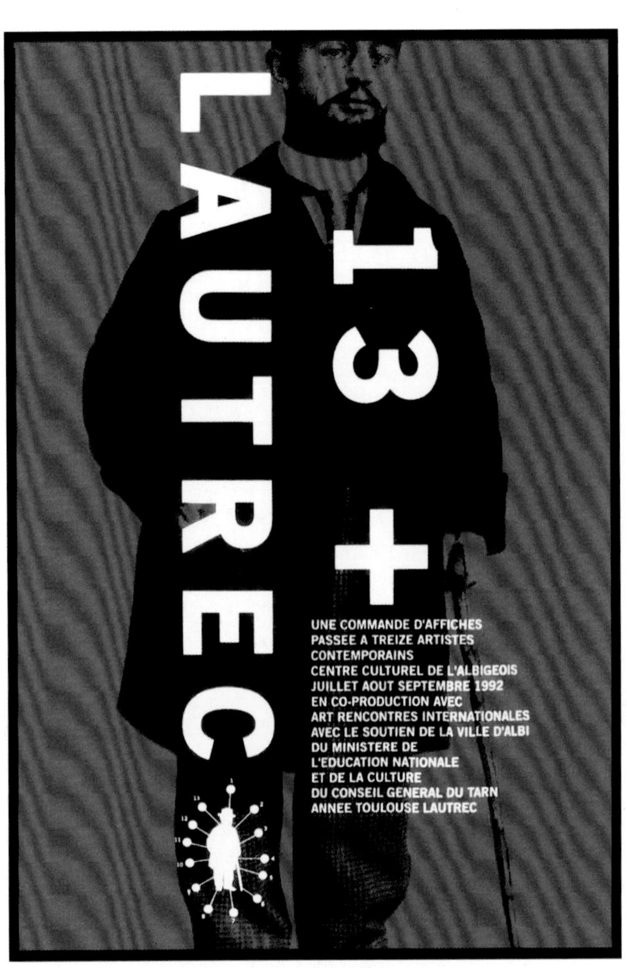

图304　运用版面空间的前后层次关系编排图形与文字

图305　运用版面空间的前后层次关系编排图形与文字

图307　运用版面空间的前后层次关系编排图形与文字

图306　运用版面空间的前后层次关系编排图形与文字

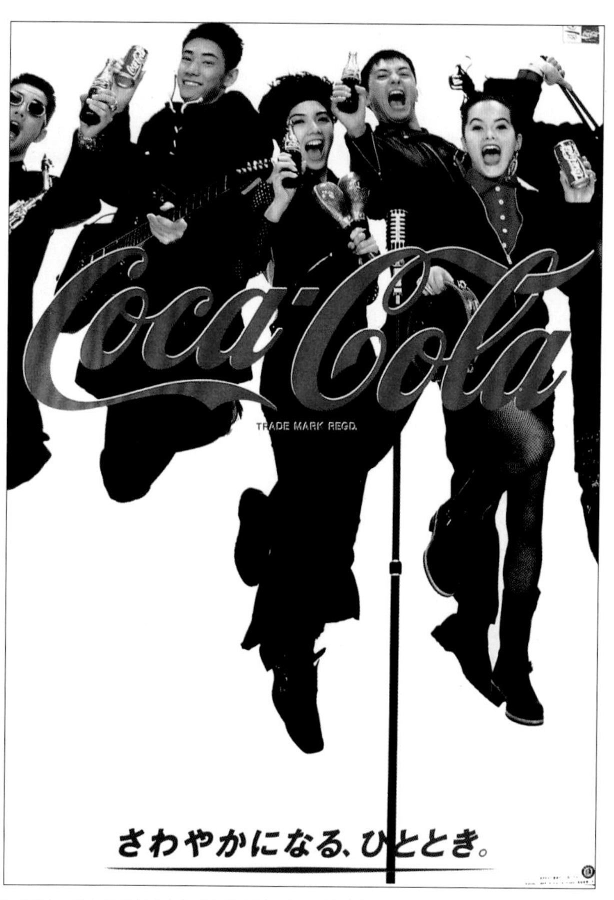

图308　运用版面空间的前后层次关系编排图形与文字

图309 将文字组成各种形态的面，和图形融合在一起

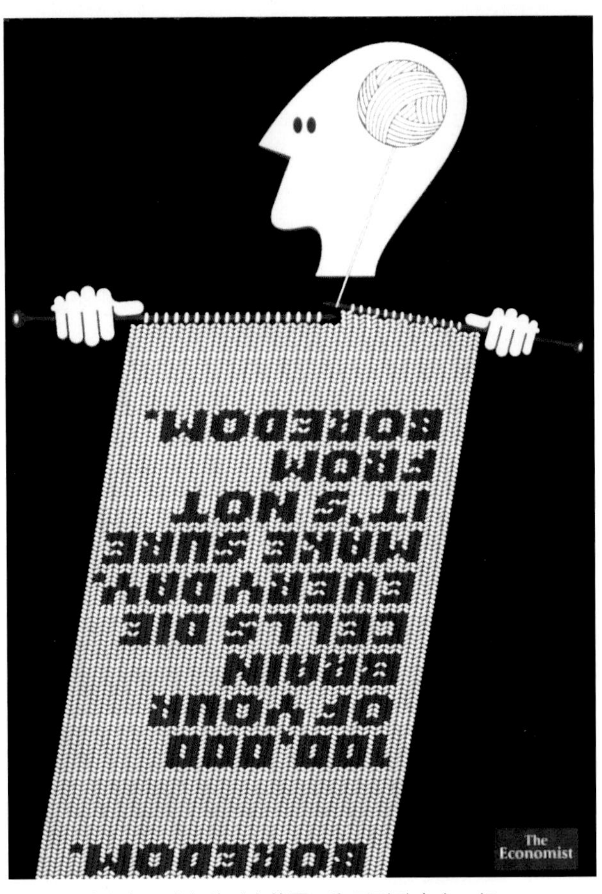

图311 将文字组成各种形态的面，和图形融合在一起

图310 将文字组成各种形态的面，和图形融合在一起

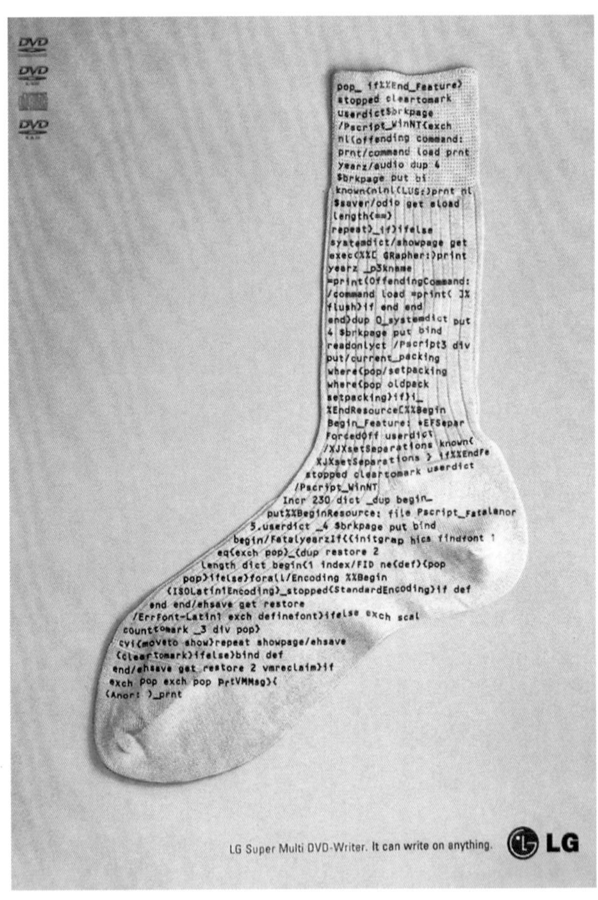

图312 将文字组成各种形态的面，和图形融合在一起

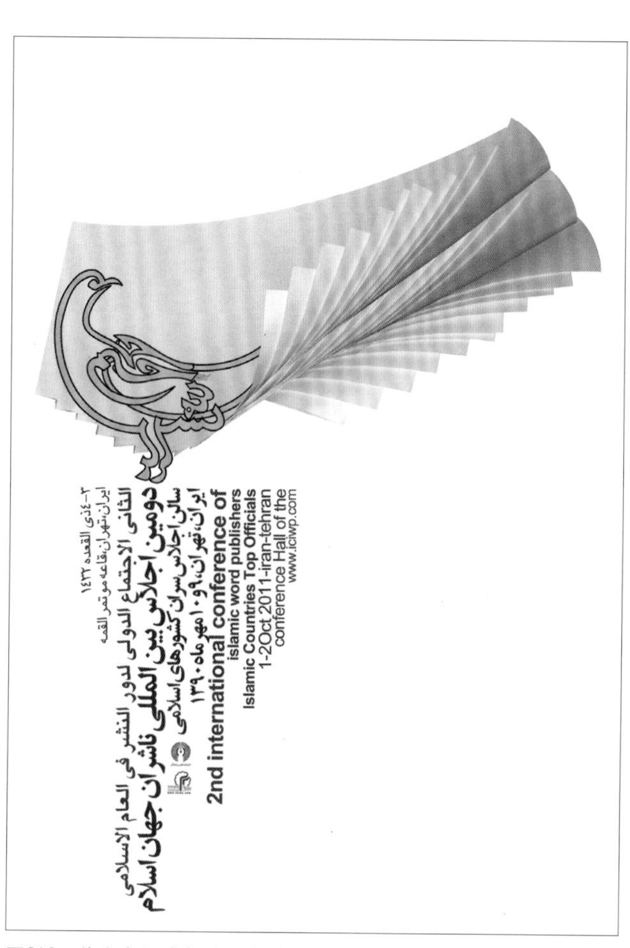

图313　将文字组成各种形态的面，和图形融合在一起

图314　将文字组成各种形态的面，和图形融合在一起

图315 文字因图形所呈现出的动势，在方向上做了倾斜处理，使版面力场统一，布局有灵活、自由之感

图316 文字因图形所呈现出的动势，在方向上做了倾斜处理，使版面力场统一，布局有灵活、自由之感

图317 文字因图形所呈现出的动势，在方向上做了倾斜处理，使版面力场统一，布局有灵活、自由之感

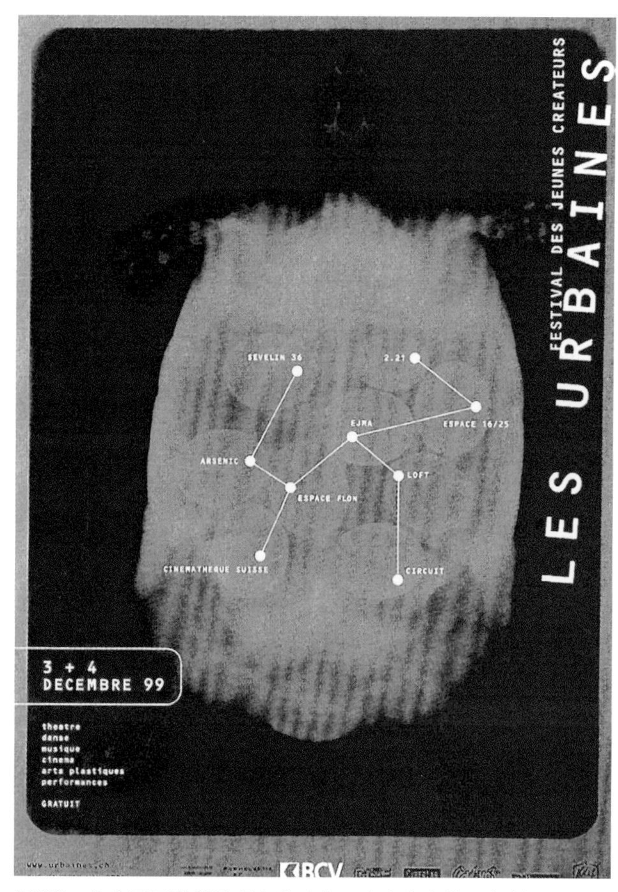

图318　文字因图形所呈现出的动势，在方向上做了倾斜处理，使版面力场统一，布局有灵活、自由之感

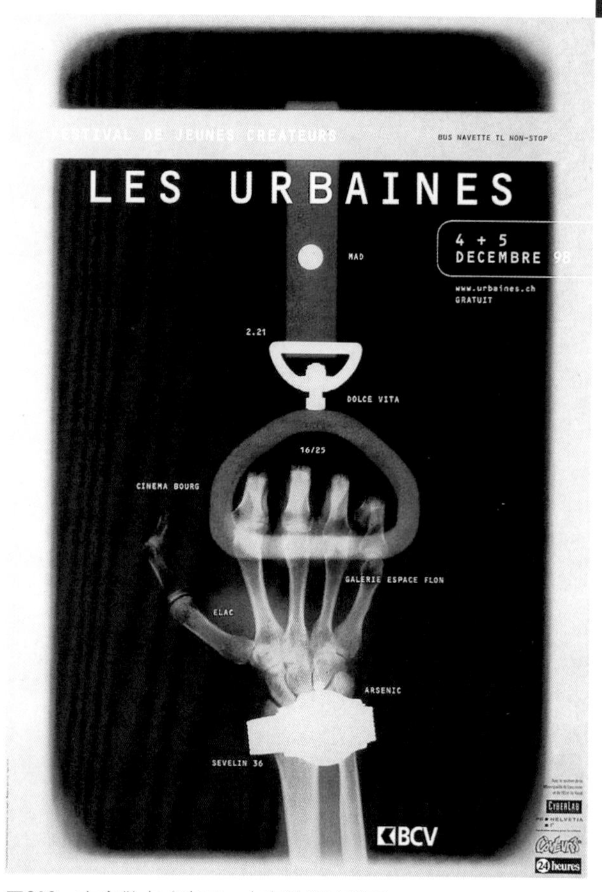

图320　文字散点式布局，丰富活跃了版面

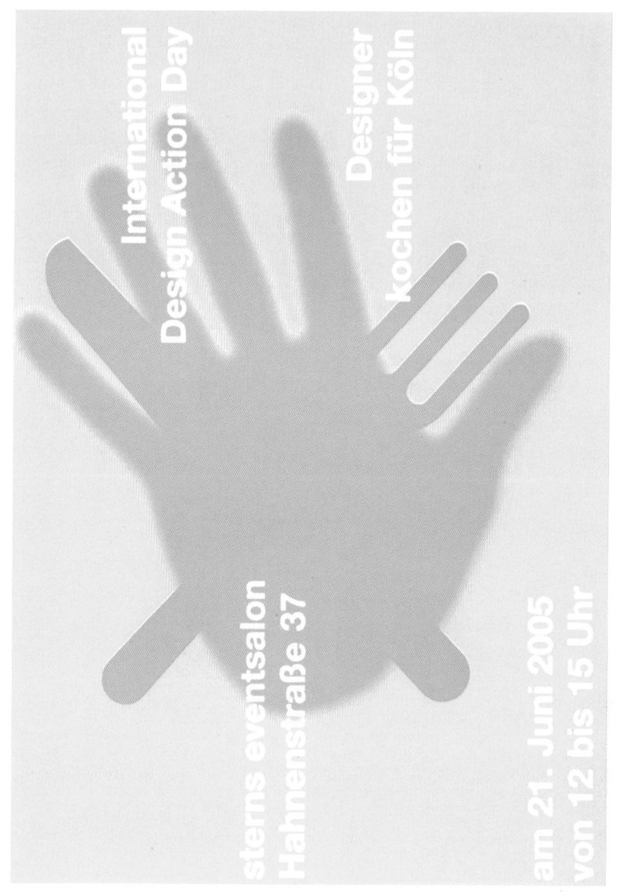

图319　文字散点式布局，丰富活跃了版面

图321　文字散点式布局，丰富活跃了版面

图322 版面设计 约瑟夫·穆勒·布罗克曼（瑞士）

图324 版面设计 约瑟夫·穆勒·布罗克曼（瑞士）

图323 版面设计 约瑟夫·穆勒·布罗克曼（瑞士）

图325 版面设计 约瑟夫·穆勒·布罗克曼（瑞士）

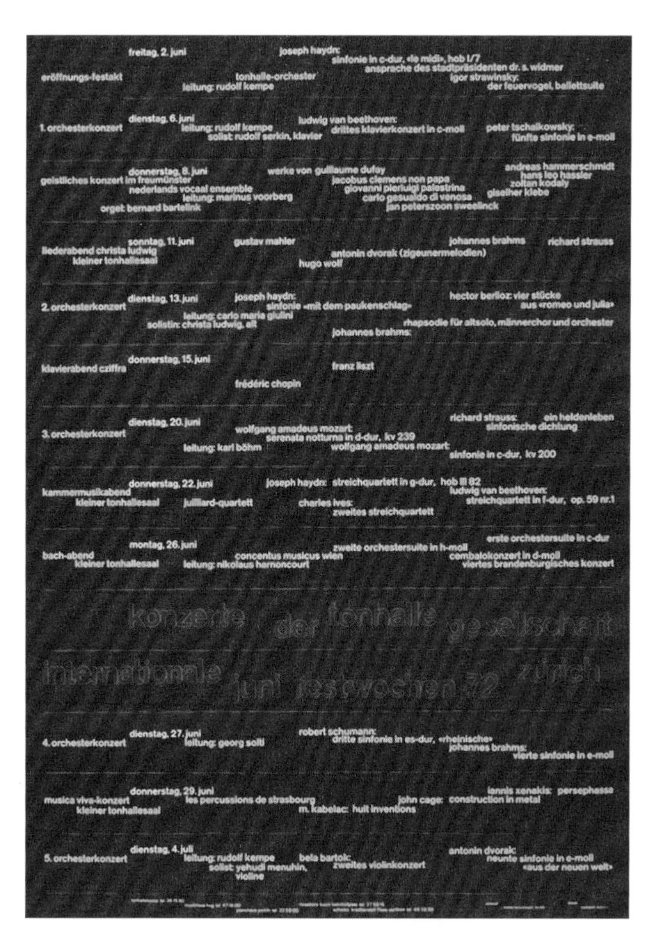

图326 版面设计 约瑟夫·穆勒·布罗克曼（瑞士）

图328 版面设计 约瑟夫·穆勒·布罗克曼（瑞士）

图327 版面设计 约瑟夫·穆勒·布罗克曼（瑞士）

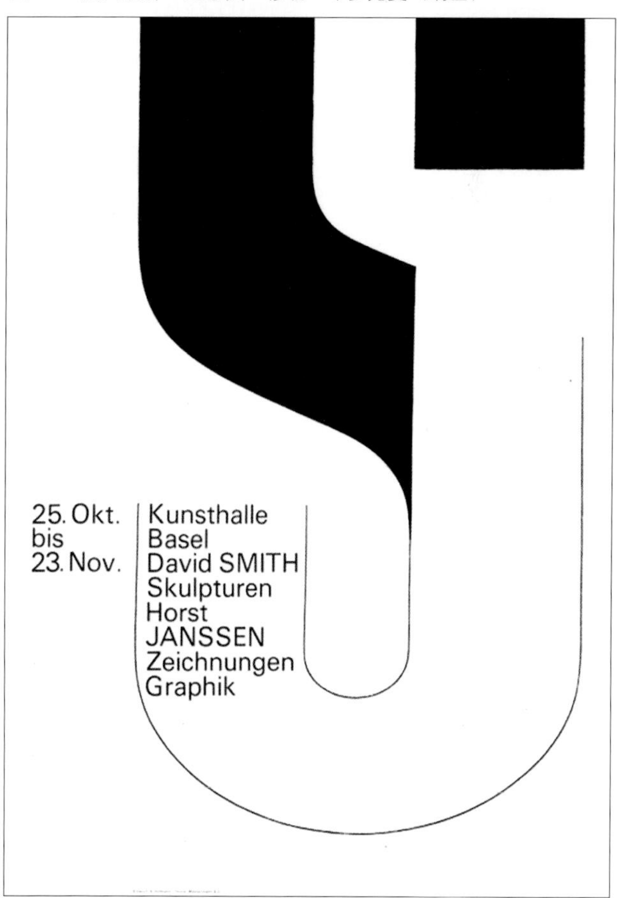

图329 版面设计 阿明·霍夫曼（瑞士）

图330 版面设计 阿明·霍夫曼（瑞士）

图332 版面设计 阿明·霍夫曼（瑞士）

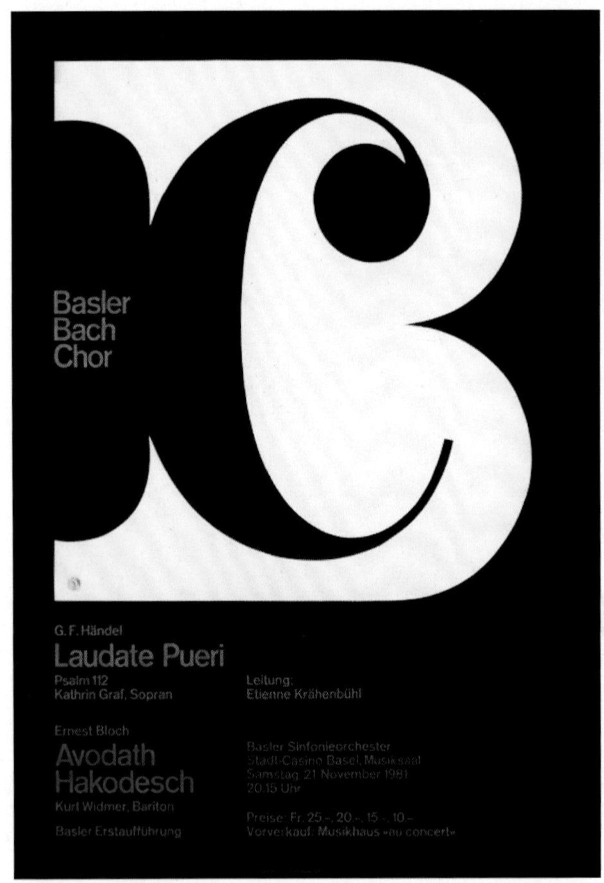

图331 版面设计 阿明·霍夫曼（瑞士）

图333 版面设计 阿明·霍夫曼（瑞士）

图334 版面设计 阿明·霍夫曼（瑞士）

图336 版面设计 安德鲁·刘易斯（加拿大）

图335 版面设计 阿明·霍夫曼（瑞士）

图337 版面设计 安德鲁·刘易斯（加拿大）

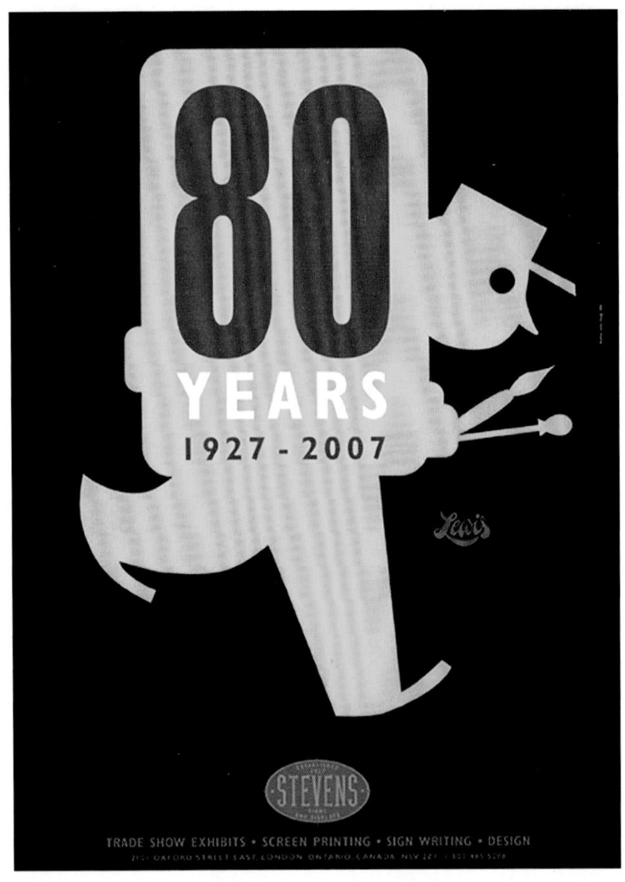

图338 版面设计 安德鲁·刘易斯（加拿大）

图340 版面设计 安德鲁·刘易斯（加拿大）

图339 版面设计 安德鲁·刘易斯（加拿大）

图341 版面设计 安德鲁·刘易斯（加拿大）

图342 版面设计 安德鲁·刘易斯（加拿大）

图344 版面设计 彼得·班博夫（俄罗斯）

图343 版面设计 彼得·班博夫（俄罗斯）

图345 版面设计 彼得·班博夫（俄罗斯）

图346 版面设计 彼得·班博夫（俄罗斯）

图348 版面设计 彼得·班博夫（俄罗斯）

图347 版面设计 彼得·班博夫（俄罗斯）

图349 版面设计 彼得·班博夫（俄罗斯）

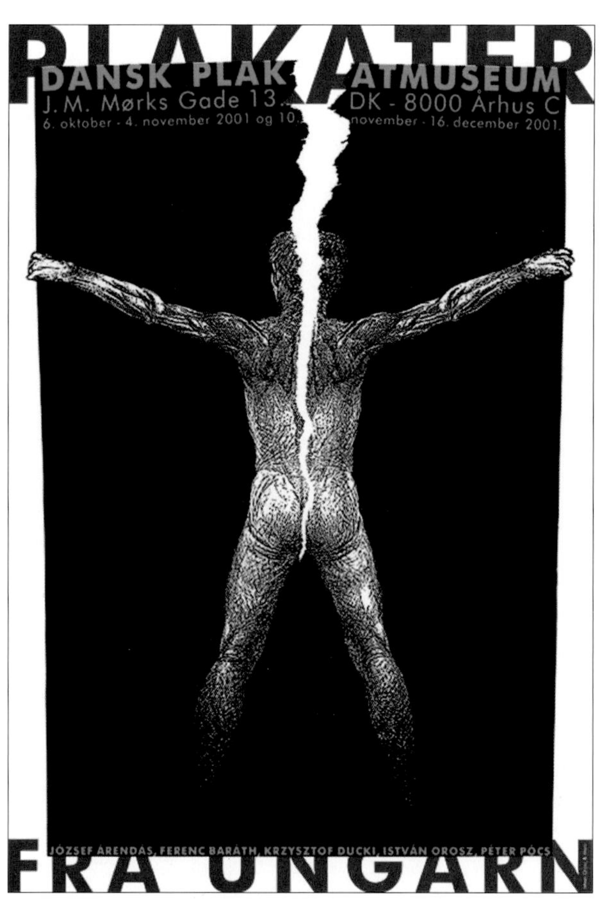

图350　版面设计　伊斯特万·奥罗斯（匈牙利）

图352　版面设计　伊斯特万·奥罗斯（匈牙利）

图351　版面设计　伊斯特万·奥罗斯（匈牙利）

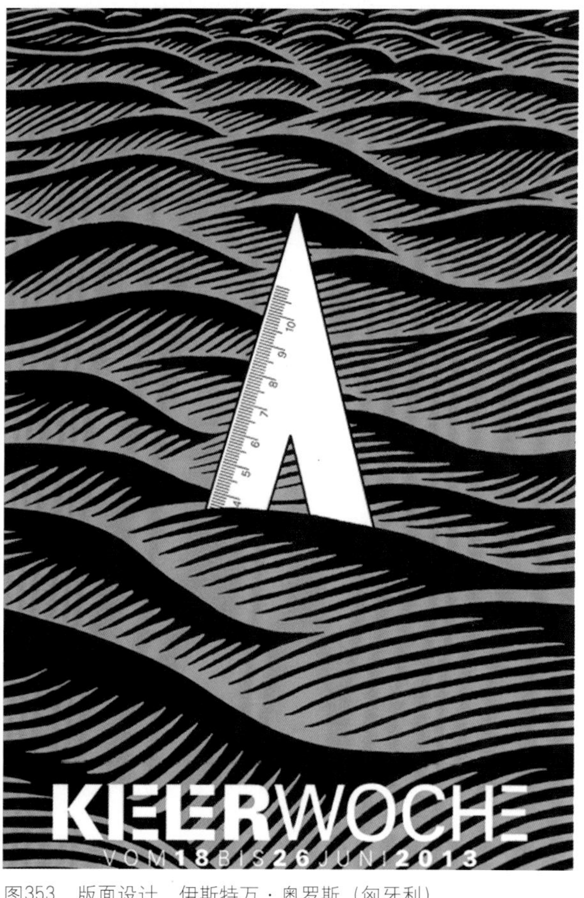

图353　版面设计　伊斯特万·奥罗斯（匈牙利）

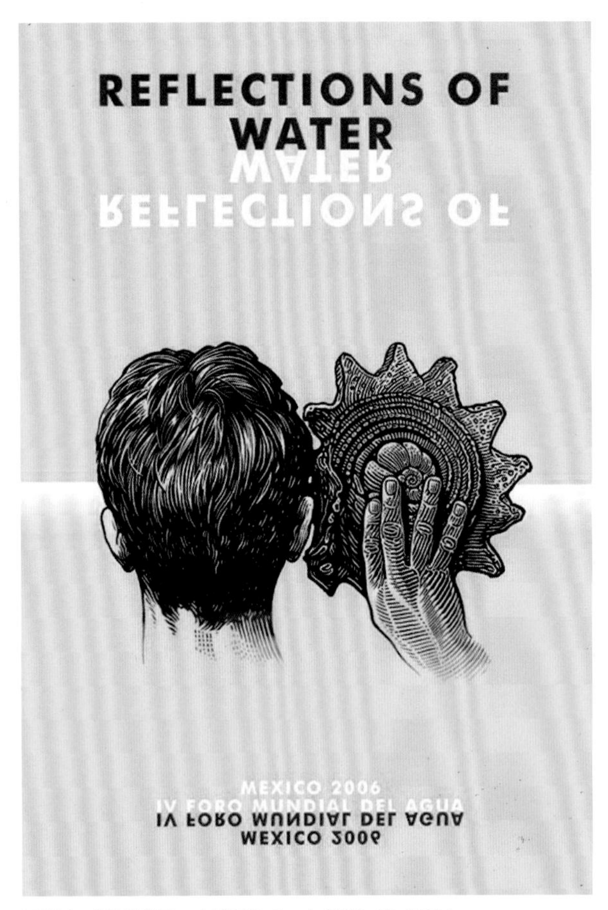

图354 版面设计 伊斯特万·奥罗斯（匈牙利）

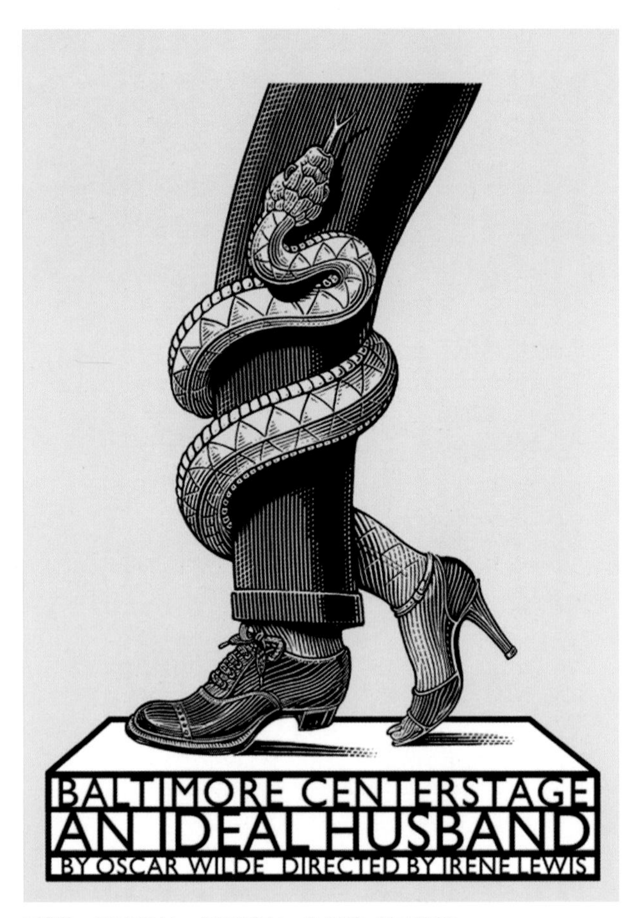

图356 版面设计 伊斯特万·奥罗斯（匈牙利）

图355 版面设计 伊斯特万·奥罗斯（匈牙利）

图357 版面设计 迭戈·贝卡斯（智利）

图359 版面设计 迭戈·贝卡斯（智利）

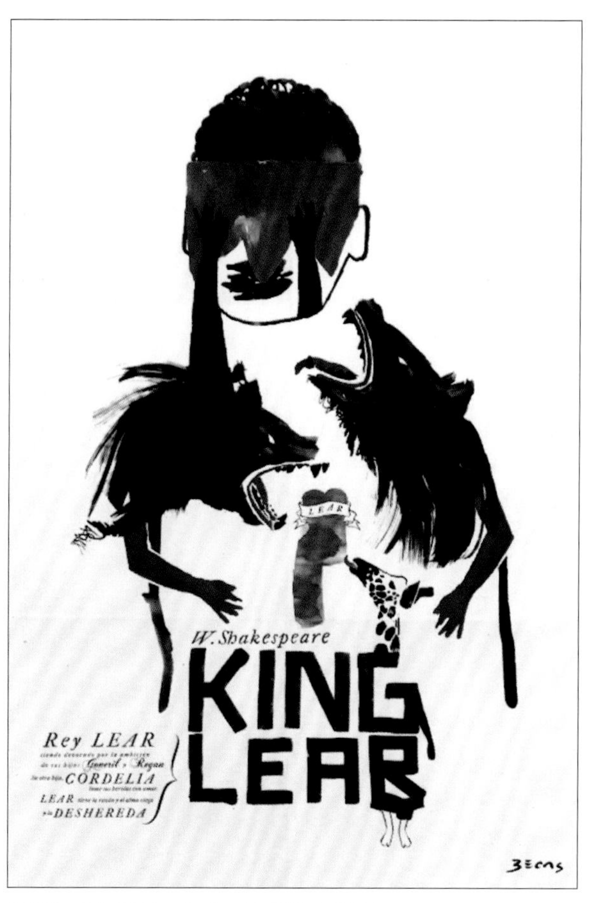

图358 版面设计 迭戈·贝卡斯（智利）

图360 版面设计 迭戈·贝卡斯（智利）

图361 版面设计 迭戈·贝卡斯（智利）

图362 版面设计 迭戈·贝卡斯（智利）

图363 版面设计 迭戈·贝卡斯（智利）

图364 版面设计 迭戈·贝卡斯（智利）

图365 版面设计 霍尔格·马蒂斯（德国）

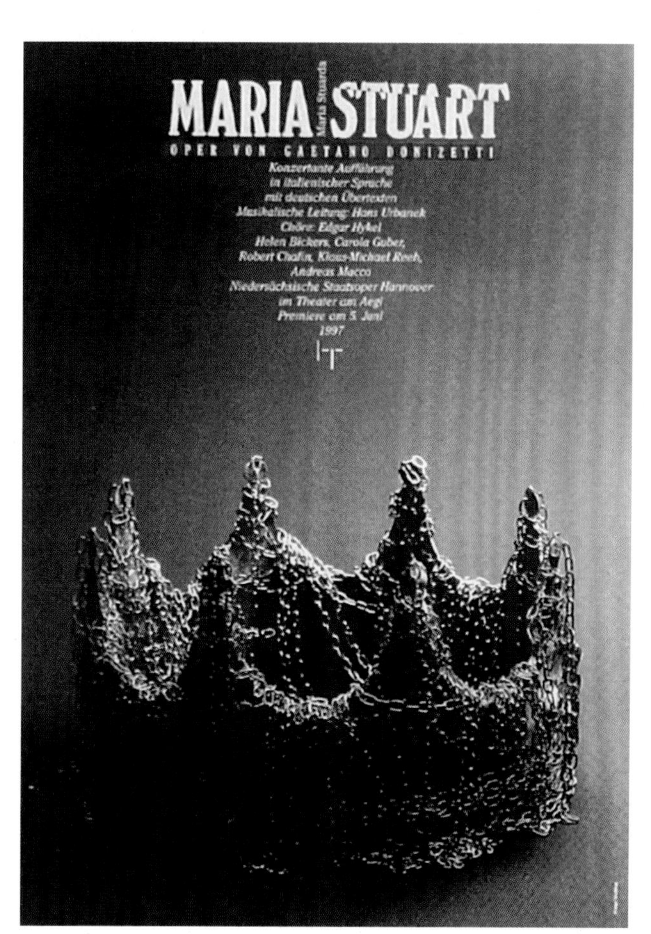

图366 版面设计 霍尔格·马蒂斯（德国）

图367　版面设计　霍尔格·马蒂斯（德国）

图369　版面设计　霍尔格·马蒂斯（德国）

图368　版面设计　霍尔格·马蒂斯（德国）

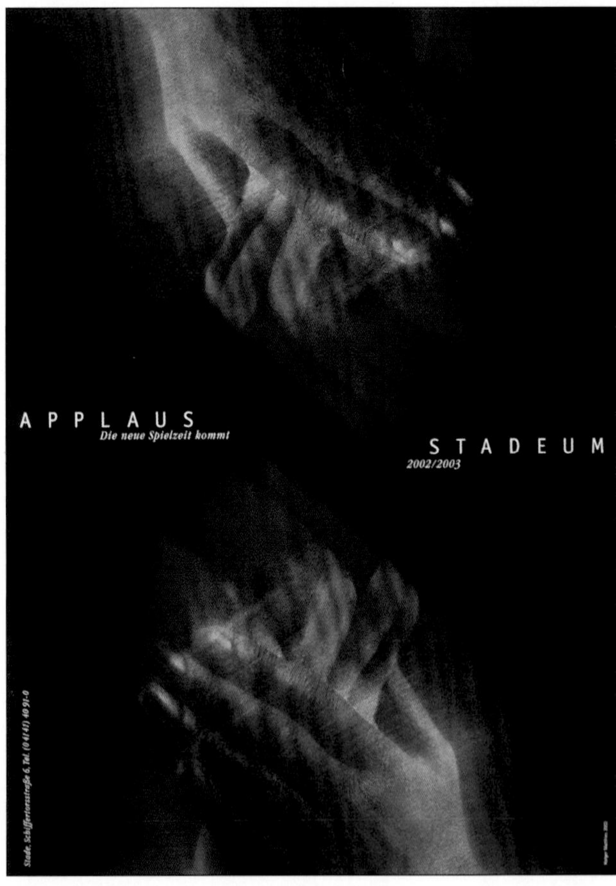

图370　版面设计　霍尔格·马蒂斯（德国）

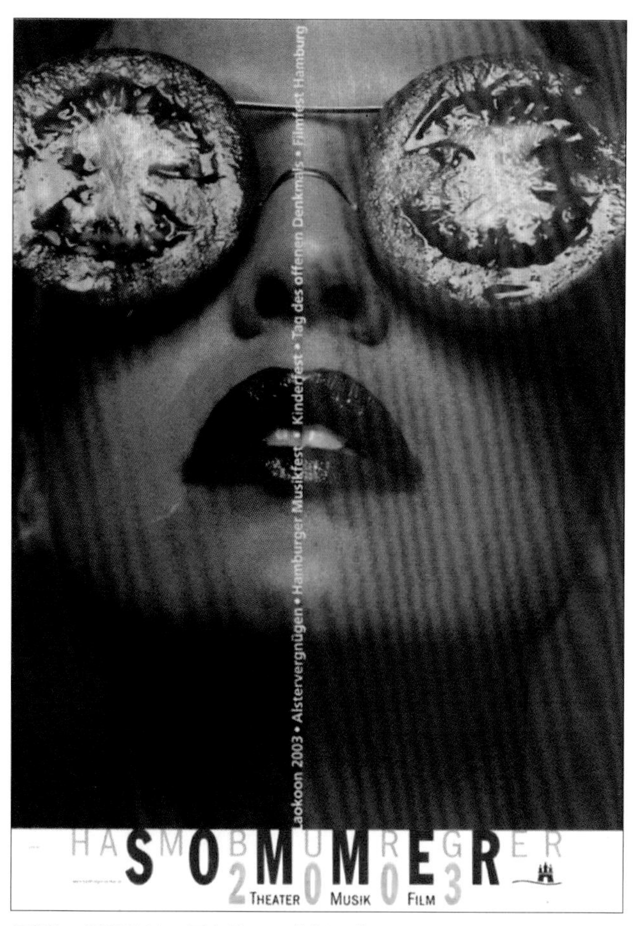

图371 版面设计 霍尔格·马蒂斯（德国）

图373 版面设计 霍尔格·马蒂斯（德国）

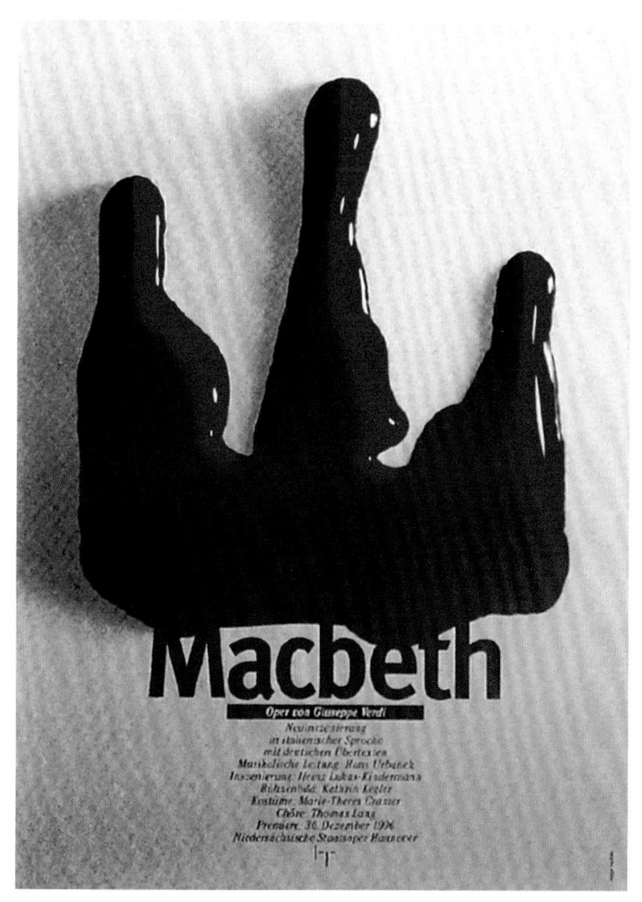

图372 版面设计 霍尔格·马蒂斯（德国）

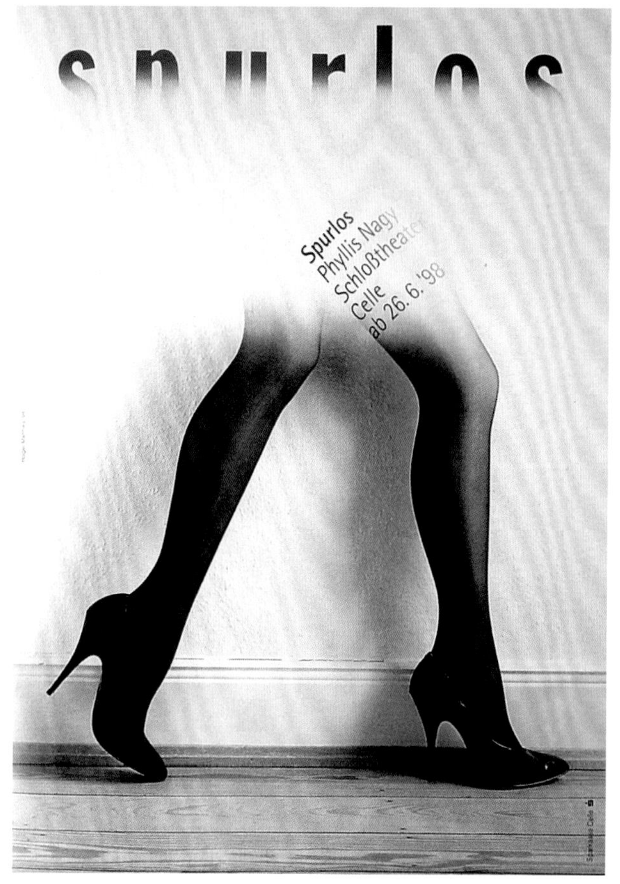

图374 版面设计 霍尔格·马蒂斯（德国）

图375 版面设计 霍尔格·马蒂斯（德国）

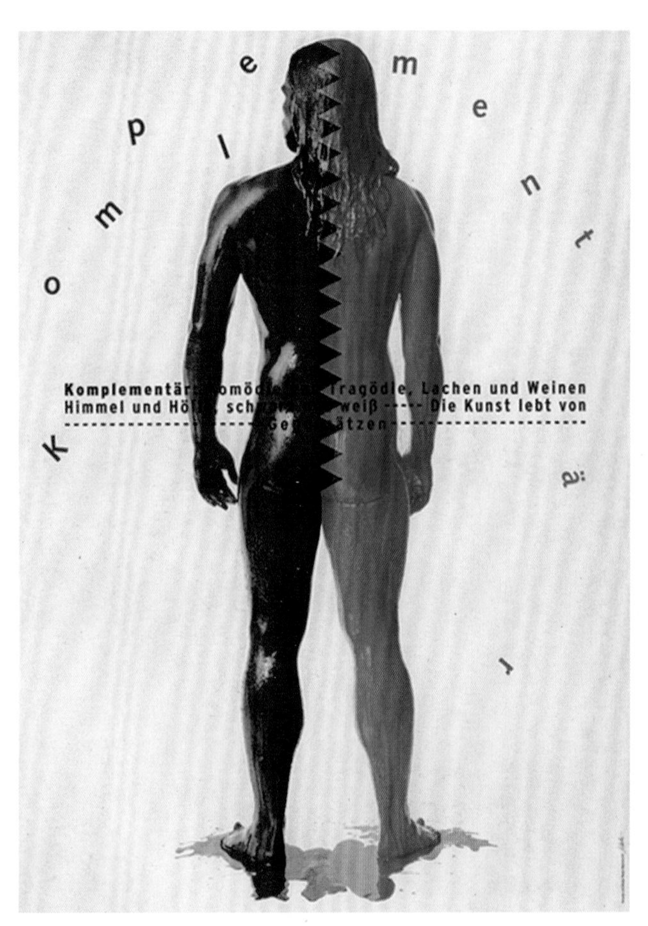

图376 版面设计 霍尔格·马蒂斯（德国）

图377 版面设计 冈特·兰堡（德国）

图378 版面设计 冈特·兰堡（德国）

图379 版面设计 冈特·兰堡（德国）

图380 版面设计 冈特·兰堡（德国）

图381　版面设计　冈特 · 兰堡（德国）

图383　版面设计　冈特 · 兰堡（德国）

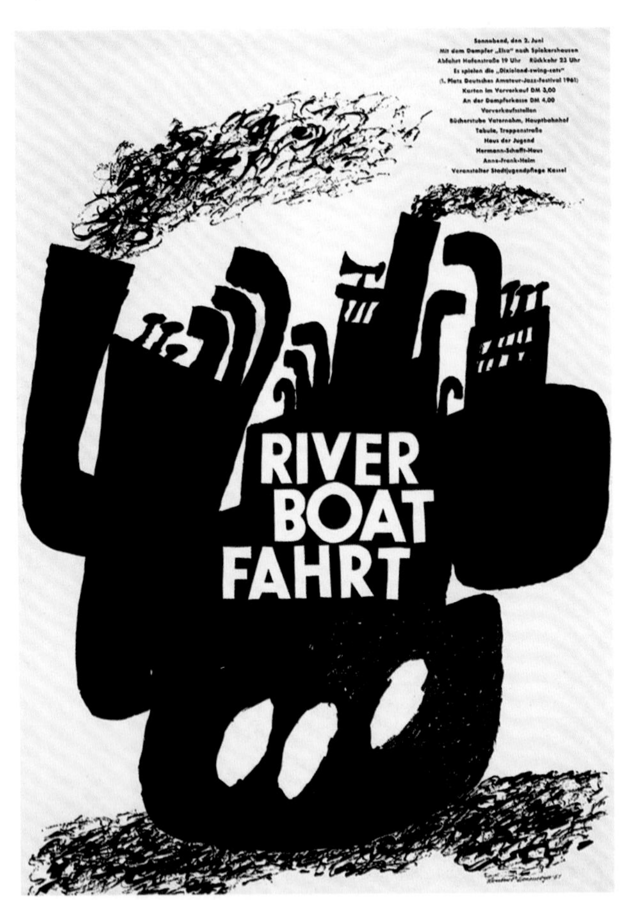

图382　版面设计　冈特 · 兰堡（德国）

图384　版面设计　冈特 · 兰堡（德国）

图385 版面设计 冈特·兰堡（德国）

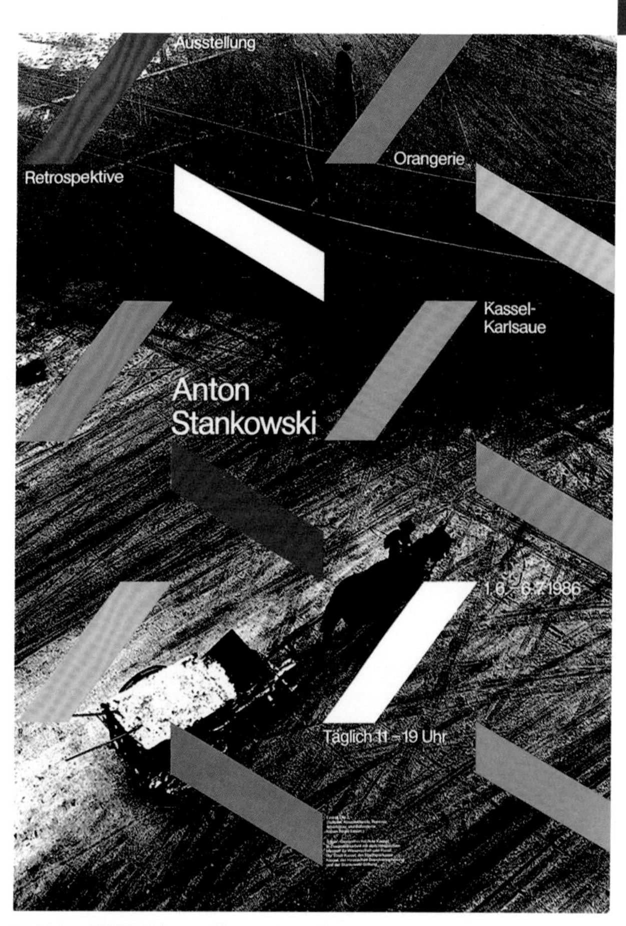

图387 版面设计 冈特·兰堡（德国）

图386 版面设计 冈特·兰堡（德国）

图388 版面设计 冈特·兰堡（德国）

图389　版面设计　冈特·兰堡（德国）

图391　版面设计　冈特·兰堡（德国）

图390　版面设计　冈特·兰堡（德国）

图392 版面设计 冈特·兰堡（德国）

图394 版面设计 冈特·兰堡（德国）

图393 版面设计 冈特·兰堡（德国）

图395 版面设计 冈特·兰堡（德国）

图396　版面设计　冈特·兰堡（德国）

图397　版面设计　冈特·兰堡（德国）

图398 阿尔伯塔大学校友会的出版物——*NTIssuuWinter*2015——"新足迹"杂志封面（加拿大）

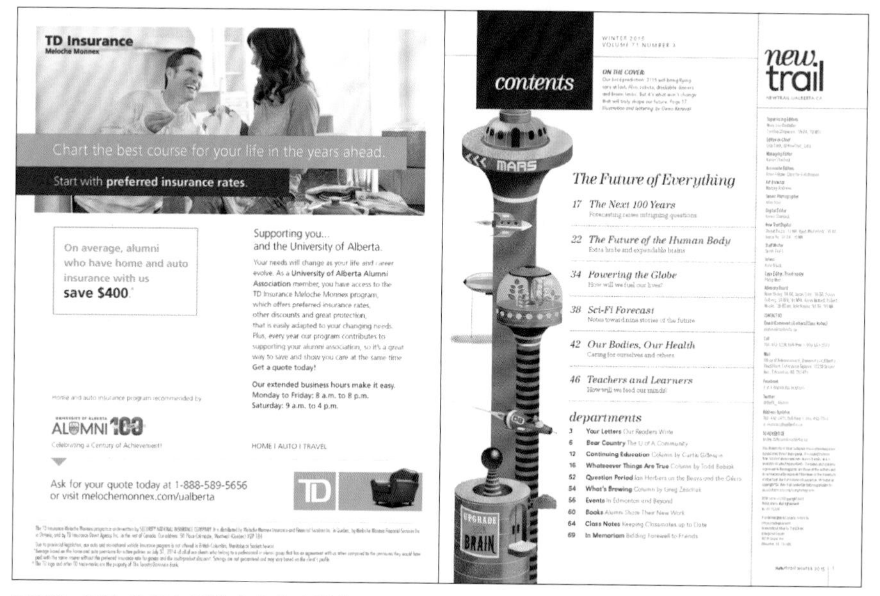

图399 阿尔伯塔大学校友会的出版物——*NTIssuuWinter*2015——"新足迹"杂志内页的版式设计节选（加拿大）

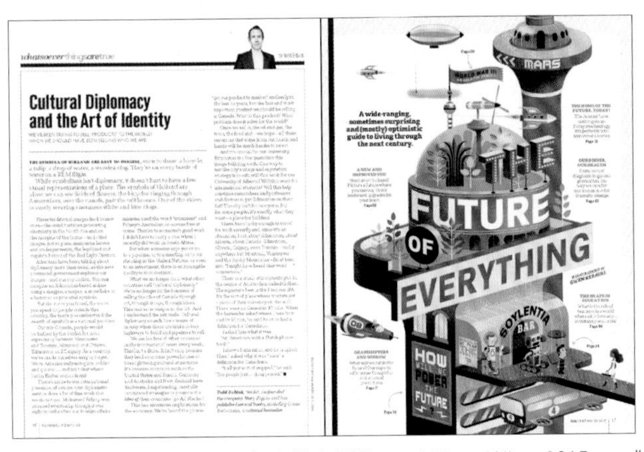

图400　阿尔伯塔大学校友会的出版物——*NTIssuuWinter*2015——"新足迹"杂志内页的版式设计节选（加拿大）

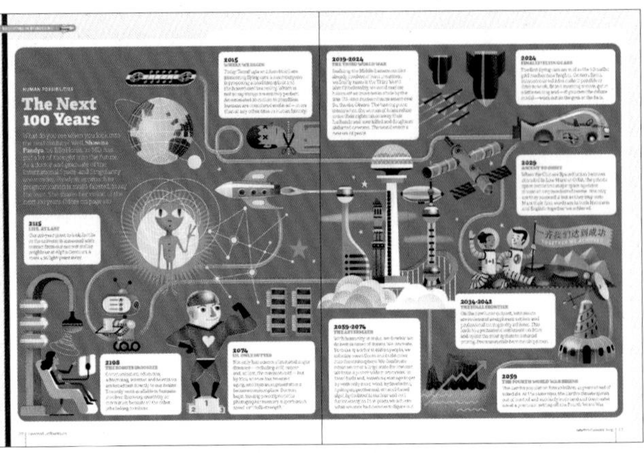

图401　阿尔伯塔大学校友会的出版物——NTIssuuWinter2015——"新足迹"杂志内页的版式设计节选（加拿大）

图402　阿尔伯塔大学校友会的出版物——*NTIssuuWinter*2015——"新足迹"杂志内页的版式设计节选（加拿大）

图403　阿尔伯塔大学校友会的出版物——*NTIssuuWinter*2016——"新足迹"杂志内页的版式设计节选（加拿大）

updated its 17-year-old sexual health curriculum to include teaching Grade 1 students the correct names of body parts, including genitalia, and mentioning sexual and gender orientation in Grade 3 in a discussion about how to show respect for people who might be different from you. Hundreds of parents pulled their children out of public school in protest. The protests show how emotional the topic of sex ed in schools can be. In one newspaper's photo, a little girl holds a sign reading: "I'm only 6. I like ponies, I like clay. Why do you want to take my innocence away?" Another protester's sign reads: "Don't Sexualize Our Children."

Another challenge in improving the sex ed curriculum, says McKay, is that while the best sex education programs tend to be tailored to the specific needs of a particular group of youth, that's very difficult to do in a provincial curriculum designed to meet everybody's needs.

At the classroom level, while most teachers want to improve sex ed, it's not easy to do, says Malacad, who taught a sex education course for future teachers in the U of A's Faculty of Education. It's an uncomfortable topic for parents and kids, let alone a teacher addressing a classroom of 30 young people. "So we often go back to how we were taught and what we're most comfortable with: worksheets, the anatomy, the overhead projected diagrams — teaching about the plumbing."

In Canada, there is no formal process for educators to become specialized in teaching sexual health. But as of September 2016, educators and health professionals from across the country can take an online graduate-level Certificate in Sexual Health through the U of A Faculty of Rehabilitation Medicine. Offered in collaboration with the Alberta Society for the Promotion of Sexual Health, the program is designed to teach skills in comprehensive sexual health education — and to fill a critical gap in training specialized sex ed

"Kids want to know the same thing they did 30 years ago — how to have good relationships."

ALEX McKAY

Learn More

Useful resources for parents and teachers:

CHEW
Comprehensive Health Education Workers
chewproject.ca

FOXY
Fostering Open eXpression among Youth
arcticfoxy.com

Theatre, Teens, Sex Ed: Are We There Yet?
Script, DVD and manual
uapualberta.ca

MediaSmarts
mediasmarts.ca

Teaching Sexual Health
Developed by Alberta educators and health professionals
teachingsexualhealth.ca

Sex Information and Education Council of Canada
sieccan.org

Sex & U, Society of Obstetricians and Gynecologists of Canada
sexandu.ca

Talking About Sexuality in Canadian Communities
Resource for high-risk youth and youth with disabilities
tascc.ca

practitioners, says **Shaniff Esmail**, '88 BSc(OT), '93 MScRS(OT), '05 PhD, professor and associate chair of the Department of Occupational Therapy. Esmail says once the program is fully underway, it will be promoted to school boards as a resource for teachers.

MAKING HEALTHY CHOICES

FOXY's founder Lys says the goal, at heart, is to help young people make healthy choices for themselves. Research and feedback from participants show an increase in sexual health and HIV knowledge, a greater capacity for safer sexual health behaviours and — perhaps most importantly — stronger leadership skills and the confidence to be the people they want to be.

"We can give young people all the information they want, but at the end of the day, they have to make their own decisions," Lys says.

"Kids want to know the same thing they did 30 years ago — how to have good relationships," says McKay. "Sex is more than pulling out a condom and saying we're going to use this; it's about sitting down and talking openly with your partners. It's about both people knowing that their needs, health and safety are being respected.

"Then the conversation about condoms becomes quite easy. And we won't need to rewrite the curriculum every time one of these topical issues comes up."

Good sex ed benefits not only a young person's long-term sex life, but their health and happiness and how they treat others. The way it's taught, then, argues Malacad, shouldn't be relegated to the end of a curriculum when a teacher can fit it in. Instead, it deserves the investment our society gives sexuality itself — something more colourful and complicated than a worksheet could ever be. ■

— With files from Amie Filkow

42 | ualberta.ca/newtrail

图404　阿尔伯塔大学校友会的出版物——*NTIssuuWinter*2016——"新足迹"杂志内页的版式设计节选（加拿大）

regarding sexuality," says Malacad. "It addresses all the emotions and behaviours surrounding sexuality and gets students to think about their own boundaries." And contrary to what some think, it doesn't cause young people to have sex. Research has consistently shown that it can actually reduce sexual activity among adolescents. They understand the implications and feel more comfortable with setting boundaries, she says.

McKay, of the Sex Information and Education Council of Canada, says that for many people, sexual health education is not at the top of the priority list. "But just as HIV in the 1980s woke us up to the implications of sex education for physical health, we're now beginning to understand that sex ed has important implications for mental and emotional health, as well."

SO MUCH MORE AT STAKE

If you were a teen in Alberta when the province's sex ed curriculum was last updated in 2002, you could only daydream about marrying a same-sex partner. Until 2016, your school could still legally stop you from starting a gay-straight alliance club with your friends.

While things outside the classroom have changed for LGBTQ Canadians, curriculums still lag behind, says educational psychology professor André Grace. He says sexual- and gender-minority youth — people who don't identify as a man or woman or aren't straight — are consistently left out of talk in the sex ed classroom. "If these students get any sexual health education at all, it tends to focus on heterosexuals and not LGBTQ youth," says Grace, co-director of the Institute for Sexual Minority Studies and Services. When sex ed is done right, he believes, it can save lives.

The Comprehensive Health Education Workers project, CHEW, has taken a creative approach to troubling STI and suicide rates among gender- and sexual-minority youth.

The institute created the program in 2014 in response to Alberta's rising youth STI rates, especially among young men who have sex with men. Until its funding ran out last summer, the program hosted STI testing in the community and on campus, as well as self-care fairs, sex ed trivia nights, support groups and Art Jam workshops. CHEW still offers some of its services with piecemeal funding and the help of volunteers.

The program fills a key gap in mental and physical health systems, which often don't address the particular challenges facing LGBTQ youth. Suicide attempts among LGBTQ youth are two to seven times higher than among other youth, surveys in various countries have consistently found. In Canada, up to 40 per cent of homeless youth identify as LGBTQ, according to a 2012 study, "No Safe Place to Go."

"Everything's so intertwined," says CHEW facilitator Evan Westfal. "You have to deal with their other pertinent issues first before you can even touch on sex." A teen might be struggling with gender identity and turning to street drugs to cope. Another might be diagnosed with an STI and find the weight of dealing with the stigma too much to bear.

That's why CHEW's goal was to be not only a sex ed classroom but a community hub and health clinic, too. Westfal says the CHEW team performed at least 48 suicide interventions in the first half of 2016 alone.

BETTER SEX ED FOR ALL

As a former sex ed scholar, Malacad knows there's enough research to show what a good sex ed program looks like. For some young people, it means modelling tricky situations; for others, it's a place where they can finally learn to love themselves in a world that isn't always willing to.

There is some movement across Canada toward a more comprehensive approach to sex ed. In Alberta, for example, the Ministry of Education has launched a review of six subject areas, including the kindergarten to Grade 12 wellness curriculum, which encompasses sex education. The review will consider current research as well as input from an expert working group and feedback from schools and the public through an online survey launched this fall.

"We know there are some concerns about Alberta's sex education, and we think it could use some updating," says Jeremy Nolais, chief of staff for Alberta Education. The department has started work on resources that will help teachers teach sexual consent, he says. It is also taking steps to ensure greater inclusion of LGBTQ students and staff in schools and inclusive language throughout the curriculum.

Making changes to sex ed curriculum can be tricky, though. Just look at Ontario. In 2015, the province

newtrail WINTER 2016 | 41

图405　阿尔伯塔大学校友会的出版物——*NTIssuuWinter*2016——"新足迹"杂志内页的版式设计节选（加拿大）